動物靈氣

我和毛小孩的療癒之旅

翁嗡（翁韻婷）　著

Zooey Cho　繪

目次 Contents

Chapter 1

動物靈氣是什麼？

Chapter 2

靈氣療癒的第一步——自我療癒

Chapter 3

做！動物靈氣

Chapter 4

動物靈氣十二手位應用

Chapter 5

犬貓的脈輪系統

推薦序
從根本出發的療癒能量

　　第一次接觸翁嗡和靈氣，是因為自己在去年五月開始出現持續的心律不整，看醫生做了一系列的檢查後，仍找不到其他原因，只能吃藥控制，因此希望能再了解靈氣和能量方面的可能性，所以結下了這個緣份。

　　身為一個內科獸醫師，在西醫的世界裡，看到及學習到的都是結構及功能等「物質層面」的變化，診斷和治療大部分是在面對及控制疾病的結果，也未必有辦法了解及治癒根本的原因。在疾病面前，我們是渺小的，也還有非常多的知識需要了解及學習，所以當疾病進展無法被控制，或是做檢查都沒找出問題，但動物仍然渾身不對勁卻又無法解釋的時候，我還是會覺得自己像是盲人摸象，希望還有其他方式能夠更了解全貌。

　　生命是複雜的有機體，本來就有非常多的因子，透過可見或不可見的方式產生互動，造成不同的結果。能量醫學目前在西醫體系裡，已經是整合醫學中的一個分支。雖然能量看不到、摸不到，目前也還無法充分地被實證醫學證實其療效，但就像冥想的力量已經被功能性核磁共振證實一樣，隨著科技日新月異，也許未來科學能夠幫助我們驗證這些變化。

　　近年來西方醫學也發現，心靈狀態與能量上的失調與某些疾病相關。在中醫學上，經絡或氣功的運行觀點，也已證實順暢的能量流動對於生物體的健康及生活品質來說，扮演了重要的角色。所以仔細想想，

靈氣療法也不是那麼虛無飄渺。

　　善終是近年來很流行的觀念。找尋合適的治療方案，協助飼主與動物平靜且平衡的面對與疾病共存的歷程，以獲得更好的生活品質，是我期許自己能夠給予病患的最終目標。回到能量本身，有點像是從檢查與疾病回到觀照病患自身的過程。如果小狗小貓們能夠從除了標準醫療以外的輔助療法獲得更多的幫助，也是一種以病患本身出發、更溫柔全面的療癒。

　　希望不久的將來，能有更多科學實證了解身體能量的運作，幫助我們從早期或更根本的角度理解疾病，讓醫療有更多的彈性及選擇。也希望正在看這本書的你，能夠從翁嗡的文字中獲得更多的能量，陪伴家中備受寵愛的毛孩，度過疾病的幽谷。

杜克動物醫院 獸醫師

洪巧凌

推薦序
靈氣讓我學會謙卑

在認識翁嗡老師之前，因緣際會下，自己也學了靈氣，也親自體驗過靈氣在自己及家人身上的改變，而後也在動物身上看到靈氣對動物的正面影響。

非常認同書中所說，要對動物靈氣之前，要先觀照、清理人類自己。我們在動物診療的過程中，常常看到比動物還擔心、焦慮、害怕的主人家長，我們也常常請主人深呼吸、放鬆，否則敏感的動物也會被影響。

靈氣的精神也讓我學會謙卑：施作的過程中放空，我們只是一個管道，只需要感覺、體會、觀察，而不是有一定的目標，或是要掌控什麼狀況，但往往會有出乎意料的好結果。

學習靈氣，可以療癒自己和他人，以及我們親愛的動物寶貝。讓我們在身體有狀況找醫生之外，能有更多精神上的支持放鬆，進而輔助身體，提升自我修復的能力。

暖心動物醫院　院長

陳怡樺

推薦序
感受自己本來的力量

記得有一次，一葦總編輯慶祐在 Podcast 問我：「如果我死了，會想留下什麼給這個世界？」不知道為什麼此刻提筆的時候，我想起會做靈氣的翁嗡。

然後我問自己，會想留下她嗎？
「會～誒～」我發現自己沒有多想，就這麼回應了。

我也曾接受翁嗡的靈氣陪伴，並且清楚地意識到，自己有些東西真的打開了。隔幾年，換成家中逆女胖咪（Amia）接受靈氣療癒時，不管是外在的觀察、或是透過動物溝通問胖咪，我都得到跟自己雷同的體驗：「翁嗡姊姊會把屬於我的『白白』還給我，讓我想起來，我是有力量的貓咪！」
「所以你也喜歡靈氣嗎？」
胖咪回頭瞪我，一臉認真地說：「我是喜歡翁嗡姊姊的靈氣！你的我不要！」（謝謝你唷，臭女鵝！）

多年後，我也去上了翁嗡的靈氣課。從釐清自我開始，我就深刻地感受到，這個我認識了將近二十年的女孩，已經不再是一個小孩了。她已經成為一個有清楚形狀，而且能有效傳遞靈氣的大師（翁嗡看到一定會非常害羞）；或者說，是一個非常享受靈氣的傳遞者，一個讓自己成為一個純淨謙卑通道的靈氣療癒者。

對於人類來說，接受抽象能量的療癒或是說服務，可能有時會顯得

太空。但是對我來說，接受翁嗡靈氣的陪伴，我得到的往往就像「開啟一扇門」——我有權利在門前徘徊，也可以先開門觀望再進去，或者我也可以就想都不想就衝進去。而不管是哪一種，我都可以看到嗡翁清瘦的身影，微彎著頭笑著說：「你可以再感覺看看，這是宇宙想要給你的，你可以選擇你想要的陪伴。」

　　一如既往，從我認識她到現在，她都是靈氣最好的吸管。讓靈氣這種陪伴選擇，因為她而逐漸拓寬成為人的選擇、成為一種陪伴。不論這世界有多理性，多考驗真偽，她的心只守著一份陪伴，持續用靈氣陪伴大家。希望大家都有機會品嚐，讓你的動物，還有你自己，一同感受自己本來的力量。

動物溝通師

春花媽

家長推薦
與動物靈氣的美好緣分

「『翁嗡是個很有靈氣的小女生』，這是我對她的第一印象。她像是春天雨露過後的青草，整個人散發著清新而乾淨的味道。或許，我的愛人，勾勾貓，也是因為這樣才願意讓她摸摸、願意讓她陪伴並梳理他曾經的傷痛。

勾勾是我在他五歲時撿到的一隻長毛貓，後來經過溝通，才知道他是從『原生家庭』逃離出來的。翁嗡帶著勾勾一遍遍流淌過他身體的積鬱之處，在這過程中，勾勾也意外地從腎臟病中康復。後來，在勾勾晚年，他得了癲癇。翁嗡依舊用溫柔而理解的方式，承接著在病痛中無力且逐漸失去自我的老貓。

我對靈氣的認識不深，但我相信這股用能量去療癒身心傷痛的力量，是自然界最溫柔的禮物。」─────────── Mevis

「與其說是翁嗡和我們選擇了認識彼此，不如說是我們的毛女兒天天，選擇了開啟這段美好的緣分。

開始接觸動物靈氣時，我們充滿了各種疑問與不安（各種愚蠢的疑問就如同書末附錄所列出的 QA），但當天天在一次次的靈氣摸摸下，逐漸打開自己受傷的心、學會不只用胃代謝她的壓力，我深切地了解：在醫療與愛之外，我們真的還有其他方式，可以給予孩子他們需要的。

而站在一位熱愛動物靈氣療癒家長的立場，我要萬分感謝翁嗡完成這本書。因為暖暖手翁嗡只有一位，我們不可能隨時希望翁嗡幫助孩子（多可怕！）。所以，就像當父母的都希望能學會十八般武藝一樣，這本書也讓身為動物家長的我開啟『新技能』，在孩子需要的第一時間，成為她的暖暖手。」─────────── 天天媽

「我會接觸靈氣，是因為家中的年邁狗狗——多多。當時被診斷出極度惡性骨癌，但礙於年紀及身體條件，和醫師討論後只能採取安寧治療。我希望在有限的時間裡能讓多多更舒服點，所以嘗試了朋友推薦過的翁嗡和動物靈氣。雖然多多終究還是走了，但是在接受靈氣的最後這段時間，發生了很多神奇的事情，不論是多多、還是身為家人的我們，心情上因為靈氣變順很多，不再糾結，把握最後相愛的時間。

翁嗡的文字溫暖又容易閱讀，將抽象的靈氣概念解釋得平易近人。而我閱讀完才發現，原來靈氣是每個人都擁有的能力。強烈推薦給家長們！」——————————————————————————— P.135 多多姊姊

「『靈氣療癒』聽起來就很奇幻。你也這麼認為嗎？我之前覺得好玄，現在反倒覺得像是『生活』一般。因為當你摸摸動物小孩時，也許就是在施作靈氣喔！

這本書運用了很多可愛貼切又很好理解的方式做舉例，彷彿把靈氣療癒那層神秘面紗掀開來，不抽象，甚至很好入門！期待你一起體驗動物靈氣療癒的美好之處！」——————— 托托安（圖文影音創作者）

「總是希望來到身邊的動物小孩過得自在舒心又快樂健康，因此，在情感付出、提供日常所需、醫療行為之外，動物靈氣一直都是用於支持與陪伴他們的輔助方式。這一路上，萬分感謝翁嗡，是她的通透與耐心陪伴孩子們通順了身心。這是一本透過實作途徑與實際案例分享的好書，誠懇如實地將動物靈氣介紹給讀者，歡迎一起感受！」

————————————————————————————————— 谷柑媽

「翁嗡的靈氣療癒陪我們度過一段艱難的時刻。哥哥貓孩子在二〇二〇年十月發病，半年內更換無數動物醫院，並嘗試用不同中西藥物介入治療，卻找不到平衡點。看到哥哥時不時辛苦的咳嗽及嘔吐，我心疼

卻無助。後來認識了翁嗡，透過醫療及靈氣療癒輔助治療，讓哥哥的身體自體循環和心靈放鬆同時被治癒了，因此非常推薦大家一起來閱讀並去了解靈氣療癒，不僅可以療癒自身，也可以療癒毛孩和他人，好處多多啊！」————————————————— P.119 哥哥的爸爸

「一直都喜歡翁在談論靈氣時的溫柔，也喜歡靈氣概念中『身體是通道，所以先把自己照顧好，氣才會順』的態度。這次趁著試閱，嘗試了『呼吸』和『為自己靈氣』章節中介紹的小技巧，每嘗試一次都能感受到自己內心變得越來越緩、越來越平靜。

身為人類的我，遇到換季疲倦甚至低潮時，會去山裡走走。那總是待在家裡的動物呢？替動物蓋上充滿愛的暖暖靈氣，也是很棒的日常照護唷。你和動物相愛嗎？一起蓋上暖暖的靈氣小被被吧：）」

————————————————— 理查＆星星的媽媽

「問『靈氣』是什麼，就像是問『愛』是什麼一樣，不是定義，那是體驗，不是名詞而是動詞。在靈氣的療程中，一、兩個小時的專注，我想這應該是飼主和動物家人間很有品質的相處時光。看不到的靈氣，是看得到的陪伴，跟著『身體』和『呼吸』，討論你和你的動物家人現在的問題和過去的淤積，我覺得對於照顧者和動物都有很大的支持力量。」————————————————— 騷夏（詩人）

（以上按姓名筆劃排序）

靈氣, 是最幸福的陪伴

我開始學習靈氣，是因為一隻豬，拉寶。

拉寶是朋友養的麝香豬，體型巨大，搬家需要七個壯漢才能移動他。第一次與拉寶碰面，朋友提醒我若太靠近他，可能會站起來衝撞我，後來拉寶不但沒有攻擊我，還讓我幫他抓背。朋友看著這一幕說：「你好像很適合學習靈氣耶。」這便開啟了我的靈氣旅程。

決定發展動物靈氣，則是因為一隻貓，春花媽家的貓：胖咪。

胖咪曾歷經蛇咬和車禍，導致後腳行動困難。春花媽問我能不能為胖咪施行靈氣。當時的我只有在人類身上應用過靈氣，從未接觸過動物，那時也還不會動物溝通，聽不到胖咪對靈氣的反饋。我小心翼翼地摸著胖咪，傳靈氣給她。意外的是，每次靈氣後，胖咪的狀況都比上次好一些，特別是她的腳。這份轉變很觸動我。

發展動物靈氣的道路上，我看見了靈氣如何提升動物的生活品質、陪伴在生病狀態中的動物。我看見了人和動物夥伴間愛的羈絆，即便我常常陷入自我思辨——靈氣既不是醫療治療疾病，也不是魔法拯救動物遠離死亡，難道讓動物舒服就可以了嗎？

我爸爸去年在化療時，說了一句經典的病患語錄：「為什麼不乾脆死掉就好。」

死亡不是生命中最艱難的階段，在走向死亡之前的疼痛、精神低落、食慾不振、行動需要協助、大小便失禁……等等，更讓人感到無助與沮喪，身體與心理的辛苦無處安放。

動物靈氣不只是人類幫助動物的能量療法，還是提升動物福利的一種途徑。理解這些痛苦，照看著行經的風景並陪你前行的動物福利，也是舒緩身心壓力、情緒、疼痛、不適的一種陪伴。

當人類的世界出現能量療法、自然療法，以輔助我們穿越辛苦，動物是否也有同等的選項呢？

當我在整理這篇作者序時，想起了兩年前在自己的粉絲專頁記錄一段回憶。我再次點開那篇文章，回顧用靈氣陪伴著生病中的奶奶，成為她最親密的送行者的那些日子。

「陪伴奶奶走向善終，在她人生的最後，我真的是一點遺憾也沒有。未來的日子，回憶這段時光絕對是充滿著愛，很大、很多的愛，想不出比圓滿更圓滿的詞，來表達這一切。」

對於動物，我深深刻刻地希望他們也擁有同等的祝福。

謝謝拉寶，謝謝胖咪，謝謝這些年我曾經靈氣過動物。謝謝你們陪著我把動物靈氣介紹給更多的動物。

生命中，有夥伴陪同一起前行，無論走到哪裡，都是幸福。

翁嗡

Chapter 1

動物靈氣是什麼？

看不到的靈氣

你喜歡摸你家的動物小孩嗎？

摸摸他的時候，你感覺到什麼？

你的動物小孩喜歡你的碰觸嗎？

喜歡的話，你有想過你的碰觸，帶給他什麼感覺嗎？

撫摸動物小孩的你，有可能正在為他做靈氣喔！

當你看到「靈氣」這兩個字，會聯想到什麼？

是公園阿伯在練的氣功？某一種通靈？還是像漫威電影裡英雄的超能力？

靈氣源於日本，由日文漢字直譯，指的是宇宙間天地萬物的能量。生物體從誕生到死亡、植物的消長、動物呼吸的韻律，天地之間的一切都在流動循環。

「靈氣」，就是宇宙萬物間流動的能量。

靈氣是臼井甕男先生在京都鞍馬山靜心斷食廿一天，感悟到與萬物合一的能量，並由後代弟子整合成自然能量療法，至今已發展出一百多套不同的靈氣系統。靈氣療癒者經由呼吸與萬物連結，透過雙手將天地萬物之氣傳遞給動物，靈氣即是如此簡單易學且溫和的療癒能量，也是目前全世界最廣為人知的能量療癒體系。

在歐美國家，靈氣療癒是溫和且無副作用的能量療法，目前已納入人類的輔助醫療一環，護理人員學習靈氣，可幫助病患在接受醫療時安穩心情、舒緩疼痛。日常生活中，靈氣療癒可有效幫助人們放鬆減壓、平衡身心症狀。其他的靈氣系統後來也從臼井靈氣分支出來，例如：連

結天使的天使靈氣、結合阿育吠陀醫學的靈氣……等。

要解釋靈氣是什麼，不如親自來體驗靈氣。所以我想邀請你，先做一次深呼吸；接著再做一次深呼吸，並加上一個念頭：

你的這一口氣，除了從鼻腔、嘴巴，還會從你的頭頂、全身的皮膚進入到你的身體。

你和地球上動物、植物、礦物、河流、大海、山林同步呼吸，和他們一起享受這股氣息，在你的鼻子、皮膚、眼睛、身體各處停留。

全宇宙的氣息充滿你的全身，再把這口氣送出去回到天地之中。

持續這個呼吸循環，這，就是「靈氣」。

人類世界對於靈氣的接受度越來越高，雖然也有動物的靈氣療癒，但相對較為少見。在我身為動物靈氣療癒者執業的這些日子，見證了靈氣帶給動物的轉變。因此，我想介紹這樣的療法給大家，陪伴自己的動物夥伴居家做「動物靈氣」。

靈氣＝自主呼吸＋通道呼吸

靈氣到底是什麼？靈氣就是氣嗎？聽起來既簡單又複雜。

靈氣是宇宙萬物的能量，換句話說，就是宇宙間萬物的氣息。如果可以使想像更具體，我認為「萬物的呼吸」也是一種合適的說法。

為了更容易理解，我先將呼吸分成兩種：「**自主呼吸**」和「**通道呼吸**」。

自主呼吸是指身體自然地吸氣吐氣，透過一吸一吐調節身體，是不需要努力也不需要控制的維生系統。如果失去自主呼吸的功能，生物就會死亡。

你可能常在瑜伽、運動等身體課程聽到「深呼吸，記得呼吸」的提醒，意思是透過有意識的自主呼吸，幫助你的身體達到更放鬆、更平衡的狀態。

那如何能感覺到宇宙的氣？這便來到第二種呼吸：通道呼吸。

通道呼吸代表宇宙萬物的呼吸、萬物的生命力。萬物包含了路邊水溝蓋上的咸豐草、阿里山上的神木群、遙遠一端的非洲冠鷹、海面下的大翅鯨、南美叢林的黑豹，甚至是火星上的土壤。靈氣由各種具有生命力的能量匯集而成，其中包含在這地球上生活的人類，宇宙天地的氣息會源源不絕地進入我們的身體，再從雙手、皮膚、腳底等身體各處流動出去。

我們每個人都是宇宙的一分子，所以跟其他萬物一樣，處於這份流動的力量之中。在天地循環、與宇宙同流的連結，稱之為「通道呼吸」。

靈氣＝通道呼吸＋自主呼吸

當你想起自己本與萬物同源，想起這條與宇宙相連的通道呼吸，而後加上自主呼吸、擴展我們的身體，讓身體成為接引靈氣的載體，並將這樣的流動經由雙手傳遞出去，這就是「**靈氣療癒**」。

接下來，我將在書中提供一些練習。我不去刻意訓練通道呼吸，因為通道呼吸天生就會。相反地，我會著重在提醒你專心探索自己的自主呼吸。提升呼吸的品質、更有意識地呼吸，可以幫助你放鬆身體；身體夠放鬆，能流經的能量會更多，我們也會透過不同的練習，練習覺察自己身體的狀態。

身體和呼吸的練習對於靈氣療癒者很重要。因為身體就像河道，氣息、能量就像是流水。要做靈氣療癒前，當然必須先整治河川、使河道重建，流水的流動才會順暢。

▌ MEMO

對有些人來說，通道、宇宙萬物、天地萬物這些概念很抽象，這時，加入一些想像，可能會對你有所幫助：

閉上眼，想像你在一片黑暗中。你召喚天地萬物來到面前，你看到這些溫暖的能量形成光束，從四面八方進入你，把你的身體各處點亮。這道光流流進你，再流出去回到天地。你在這個天地萬物循環之中。現在的你，成為天地的一部分，這道光流如何流經你，便是你的靈氣路徑，你的通道呼吸。

靈氣調頻練習

靈氣是一種輕柔的能量療法，而且是我們每個人與生俱來的能力。當你疲憊時，我們可以用雙手療癒自己需要被支持的地方。

請把眼睛閉上，做幾個深呼吸：吸氣、吐氣、吸氣再吐氣，然後維持這樣的呼吸。利用呼吸解除自己身體的緊繃感，更放鬆、更輕巧地跟自己的身體待在一起，甚至是存在於你自己之中。周遭的聲音會撥動你，但不會打擾你的寧靜。

在下一個回合的呼吸裡，請你加上一個想像：當你吸氣時，會吸入宇宙給你的所有祝福。這份祝福除了從你的鼻腔進入，還會從你的頭頂、背脊、皮膚、四肢進入你的身體，你因而感覺到身體變得更溫暖。這就是宇宙能量帶給你的療癒力。

當你吐氣，並不只是將內在的壓力送出，而是你知道，我處於宇宙的流動之中。當你習慣這樣的流動，請輕輕地把雙手覆蓋住眼睛，感受靈氣從你的手流出，療癒你的眼睛。感覺到眼睛接受靈氣後，酸澀與疲勞會隨之湧現。請在這個位置再待一下下，記得呼吸。

進氣吐氣，為容器蓄能

我認為要為動物做靈氣療癒，必須先對自己正在做的事情有相當程度的了解。就像髮型師要熟悉頭髮的知識，廚師要對食材味道、質地、烹調方式有所研究，才能創造出更美味的食物。

對於靈氣療癒者而言，氣和身體就是你的材料。

能見與不能見的物質，皆由許多氣所組成，表示生活中「氣」無所

不在。既然靈氣是宇宙的氣息和人的氣息合作的能量療癒形式，就得聊聊「進氣（吸氣）」、「吐氣」這兩件事。

「**進氣**」就是呼吸裡面的「吸」，把外界的物質攝取到體內。像是吃飯把食物吸收到身體裡，是進氣；閱讀書籍、看手機，把資訊吸收進身體，也是進氣。而運動、從事具生產力的事情，把自己的氣息釋放出體外，則是「**吐氣**」。

日常生活中，我們比較少觀察到進氣和吐氣創造的循環，例如：有時候看太多社群軟體，進氣量變多，但吐氣量未必相等，多餘的能量堆積在身體裡，內在空間被壓縮，循環便會降速。然而身體功能一旦下降，有些小毛病就會跑出來。

身體是承接氣息的容器。靈氣經由你的身體再流出去，所以在運用靈氣療癒動物之前，請先回來會一會，從出生到現在對你不離不棄的老朋友：「**身體**」和「**呼吸**」。讓我們重新認識它們，了解你使用的材料，每天花一些時間跟它們相處。

當然，就跟認識其他朋友一樣，我們無法在幾個小時內就了解它們的全部，隨著時間一點一滴地交往，慢慢開拓與它們的關係。關係變好了、變熟悉了，在應用上更能掌握靈氣的感受，你的心裡也會踏實許多。

再者，有些人可能會擔心：「我所用的會不會是自己的氣，而不是靈氣？」

使用靈氣並不代表使用自身的能量。有一個最重要的步驟，也可以說是心法，就是「**和萬物能量共同合作**」。你隨時隨地都知道，你可以毫不費力地做靈氣，因為你就在宇宙萬物的流動之中。你所需要做的事就是放鬆，讓能量進來，再讓能量出去，以及——好好的調整自主呼

吸。你並非主導能量的人，而是讓通道呼吸自然地流動，如此就不會耗損自己的能量。

宇宙未結束營運，靈氣便不會消失。也就是說，在你還沒死亡之前，你的靈氣也不會消失。

開始調頻練習

練習一：拓展身體的放氣練習

請先站起來動動身體，暖一暖頸椎、肩膀、手肘、手腕、髖關節、膝蓋、腳踝，接著踏一踏地面，去感覺你的腳底板是如何接觸地面：是外側多還是內側多？你的站姿會稍微前傾嗎？

暖完身，請你甩動全身來釋放能量。

先從慢速開始甩動。一邊吐氣、一邊將你全身多餘的力量藉由甩動送出身體，有力的呼吸與甩動自己的身體，結束後再一次呼吸，感受從動態停止後的自己。

練習二：你的全身都在呼吸

做幾次深呼吸。每一次深呼吸時，都想像全宇宙的氣息被你吸入身體，再吐出來。

接著，一邊呼吸、一邊搓熱雙手，再用手碰觸你的頭頂、眼睛、頸部、胸口、橫膈膜、下腹、鼠蹊部、膝蓋、腳底板。每換一個部位都要深深地呼吸，讓氣流從你的雙手流出，點亮你觸碰的每個地方。

多做幾次之後，當你吸氣，你的身體會往外擴張，接收來自宇宙四面八方的能量，而這股力量將會流遍你全身。之後，吐氣將力量回歸天地。你知道下一個循環，仍然會被這股源源不絕的力量所支持。

MEMO

兩個練習可以分開做，對於想要學習動物靈氣的人，很鼓勵每天花一點時間
進行一次練習二。從觸摸自己、給自己靈氣開始，你會發現身體不但有所改
變，在傳遞能量上也會變得更通透喔。

靈氣的作用

前面所談的，是身為靈氣療癒者個人在接收靈氣的狀態。

而當靈氣變成服務，實質上能帶來什麼作用，又適合運用在哪些地方呢？

靈氣療癒者施行靈氣時，會將宇宙能量傳遞給需要的對象。當這份流動的能量進入對方身體，可協助代謝囤積在體內舊有的能量，進而加速對方的自體治癒能力。也因為靈氣使身體重新展開新的流動，接收靈氣的對象因而會感到輕盈、放鬆，甚至想睡覺，身心都可以得到很好的休息。

一、重新啟動自癒力的靈氣

每個生物都有自體治癒系統，其中包含了免疫系統、循環代謝系統、傷口癒合力、細胞再生能力、維持平衡產生的代償模式、調節激素和荷爾蒙的系統……等。以人類為例，我們跌倒受傷流血，過幾天傷口會結痂復原；感冒發燒多休息、多喝水，幾天後便會康復。

萬一傷口較大、較深，需要修補的地方比較多，自體治癒系統需要更努力工作，復原的時間相對會拉長。而過度疲勞、久病、年紀較大，身體的循環變慢、免疫系統的老將多過於年輕小將時，自體治癒能力也會減弱。

我們可以想像，靈氣是一股經由呼吸，將萬物能量引進身體裡的新鮮氣流。當靈氣在體內流動，經過的每個地方都會被這股氣流喚醒，為身體帶來新的能量，並活絡自體治癒系統裡的細胞夥伴。當自癒系統充飽電了，我們就有元氣繼續工作。

二、身體療癒：用靈氣整理身體這棟房子

你是否有過這樣的經驗：許久沒騎腳踏車，以為自己忘得差不多了，結果腳才剛踩上腳踏板，就跟飆仔一樣很會騎；朋友在 KTV 點歌，聽見某個似曾相識的旋律，拿起麥克風卻發現自己居然會唱那首歌；或是剛搬新家不熟悉附近道路，需要導航指引方向，但某天導航還沒開口，方向盤一轉就到家門口了！這些，都是身體的記憶。

身體就像房子，我們則是住在房子裡的靈魂。有些靈魂的房子是簡約北歐風，有些靈魂的房子偏好老屋懷舊感，有些靈魂則喜歡電梯大樓，有些靈魂喜歡郊區的透天厝……，端看我們想要什麼風格。而房子裡的物品是我們生活中發生的事件，我們的身體會把各種事件帶來的感受自動儲存，收藏在這棟房子的某個小房間。日積月累之下，房間、客廳、廚房、走廊、玄關、陽台……，滿滿都是堆積物，房子裡囤積越來越多用不著的東西。就好比週年慶的贈品，某天一回神，才發現這些東西現在用不到，不需要了。

房子需要清潔打掃，才有空間放置新的物品。靈氣療癒的作用就如同打掃身體這棟房子，把不再需要的能量丟掉，好騰出新的空間。房子打掃乾淨，更加明亮通風，居住在裡面的我們自然神清氣爽。

三、情緒療癒：療癒受傷的情緒

「你覺得你的疼痛，是身體在痛，還是情緒的痛？」這是有一次和朋友聊天時，他問我的問題。

大家都聽過身體和心理的交互作用。長期情緒浮動、身體跟不上情緒的變化，便很難維持健康；相反地，身體狀況多，身體機能不穩定，則情緒容易低落。

我們習慣處理肉體的傷口，卻總忘記情緒也有傷口。肉體的疼痛逼得我們必須即刻處理；然而情緒的痛很輕，有時候不知不覺中就被劃上一痕，輕到我們以為不去管它，也會自己好起來，等到情緒的傷口腫脹潰爛才恍然大悟：「哇，原來我還沒好。」

　　令人感到疼痛的生命經驗所形成的情緒，我們多半不太喜歡，也不習慣陪伴那些感受，以及處於那些感受中的自己。

　　當靈氣在身體裡流動，會幫我們找到躲藏已久的受傷情緒，安撫它，邀請那些未被重視的感受再次進入生命的流動，讓傷口癒合成疤痕。

　　疤痕會存在，但痛不會，這就是靈氣療癒情緒的過程。

動物為什麼需要靈氣？

我剛開始執業時是為人類靈氣療癒，直到有一次，意外地用靈氣療癒一隻車禍後神經受損的貓咪（春花媽的胖咪），才開啟動物靈氣的旅程。

在動物身上施作靈氣，跟人類對象的靈氣一樣，都有增強體內循環、提升自癒能力、舒緩疼痛、減壓放鬆、有助調節身心平衡等作用。而且動物靈氣一點也不難，只要把手放在動物身上好好呼吸，靈氣就會自然流動。

現代社會追求健康的生活，諸如靈氣、頭薦骨、原始點等能量療法因而盛行。能量療癒者經常思考要如何更踏實地與醫學接軌合作、結合科學，把這項專業分享給更多需要的人。在人類世界，我們可以用人話溝通討論、執行應用，甚至進行實驗，並從數據比對、驗證能量療法的效果。然而在動物的世界，這樣的需求很少受到關注，事實上，動物更需要能量療法。

身為動物小孩的家長，在他們生病時，除了帶去醫院治療，卻無法像人類家人生病那樣，與動物小孩對話、詢問他的感覺、了解他需要什麼幫忙，我常因此而感到無助。此外，我也遇過飼養犬貓以外的伴侶動物（又稱「特殊寵物」），如刺蝟、蜜袋鼯、兔子、鳥禽的家長，更礙於動物身形小，生病時無法做更全面的檢查，醫療資源十分有限。

當以上這些情況發生時，靈氣便能幫上忙。

調整動物的呼吸、幫助放鬆、讓他們能安定的休息……，聽起來好像不能達到立竿見影的效果，無法使生病的動物馬上好起來。的確，我必須很坦白的說：「**靈氣不能治病，也治不了病。**」但是，每個當下能好好呼吸是很重要的事。當身體不舒服時，能放鬆下來好好睡上一覺

真的重要；而給予臨終動物身心的支持，更是重要。

動物靈氣療癒是維持生活品質、好活、善終的陪伴力量。

開啟動物靈氣的旅程

「動物靈氣應該怎麼做，如何開始？」這是我第一次靈氣動物，明顯感覺到動物因此受益之後，對自己提出的問題。

因為目前靈氣療癒的受眾以人類居多，那麼動物也適用嗎？而我的確在這些年的動物靈氣實務經驗中，收到了很多生病動物狀況好轉的家長回饋。

失智狗狗阿胖的媽媽：「謝謝你，他昨天晚上睡得非常好。」

巨結腸症貓咪的小咪姊姊：「太神了，他這一個禮拜便便都是金黃色的，形狀也很漂亮！」

狗狗小酷的爸爸：「我覺得他進步很多，連上次回診醫生都說他進步了。」

我不斷地思考，有沒有一套靈氣系統是把動物視為主體，專門為他們服務的呢？於是，我開始慢慢拆解自己做動物靈氣的步驟與脈絡，回想我和動物們在靈氣過程的細節：我們是如何聆聽對方身體的反應、因信任對方而決定分享身體的感覺。靈氣的過程中，動物們手把手地教我把能量放在需要的位置，而不是我認為應該療癒的位置；帶我看因生病而失去控制的身體，甚至是過往的受虐記憶。

動物靈氣不只是由我發動建立的系統，還匯集了每個動物的生命經驗。所以對我來說，**動物靈氣是那些動物教會我的總和**，我更希望這套系統能延續，幫助更多的動物。

動物靈氣不只是能量療法，更是動物的福利。

有動物夥伴的人們一定都知道，和動物一起生活不可能每天都快樂無憂，我們經常有感到無助的時刻。像是動物連夜嚎叫、不明原因的不吃不喝，這時你一定會感到緊張與不知所措。此外，動物生病時無精打采，年老也可能導致退化與行為失能越來越頻繁。

幫動物做靈氣，就是運用通道呼吸的概念，再加上「你」這個能量流經的通道，在一吸一吐之間，把宇宙萬物送進動物的身體，送入他們的病痛中，和他們的病痛與煩惱一起呼吸，讓動物一點一滴地從不舒服的狀態中放鬆下來。

動物靈氣不是在幫他們治病。你從前面的練習中，已經體驗到整個人放鬆下來的感覺。而現在我們只是透過通道的概念，把靈氣延續到動物身上，用天地萬物、宇宙無限的支持，陪伴他和自己生命裡最舒服、最平衡的狀態相遇。

接下來，除了分享靈氣前的身體、呼吸練習，協助我們校準靈氣能量、敞開身體通道，我認為動物靈氣跟人類靈氣最大的差別是：動物不會說話，因此需要更多的換位思考，站在動物那邊來考慮什麼才是對他們最有益的一手。因此，我在書中也整理了一些動物靈氣療癒的心法，從心理層面檢視自己的念頭，並重新調整療癒方向，可以讓動物對你的靈氣更加愛不釋手。

靈氣具體可以為動物做什麼？

緩解疾病疼痛

生病伴隨而來的疼痛與不適，往往會讓心情更加沮喪或焦躁。靈氣傳遞時散發的熱能，可以幫助動物舒緩疼痛；不適的感受獲得緩解，

身心靈才能平靜下來休息。**好好休息是復原最重要的關鍵。**

傷口復原

靈氣有助於動物修補傷口。從小型外傷到開刀後的術後調養，有靈氣幫助提升動物肉體的修復能力，可以更快恢復活力。

療癒創傷記憶

經歷過受虐、不人道對待的動物，會產生創傷壓力症候群，當未來面對新生活新環境時，容易誘發強烈的心理痛苦。而靈氣可以療癒當時未被處理的情緒，解除受害印象。

安寧陪伴

當嗎啡在生病後期已抑制不了疼痛、年紀太大動刀風險高、醫療無法介入更多時，靈氣療癒溫和的能量可以陪伴動物小孩維持生活品質，直到善終。

紓壓、放鬆心情

擁有好身體就有好心情，擁有好心情就有好身體。靈氣療癒代謝情緒的速度非常快。家中動物爭寵打架氣噗噗的心情、到醫院檢查的緊張、轉換環境的焦慮，甚至是習慣壓抑情緒的動物，生活中常見壓力所帶來的情緒，都能透過靈氣疏通，有助於放鬆動物的心情。

日常保健

就像人類做 SPA 按摩、拔罐理療，動物也能定期做靈氣來疏通體內的淤積能量、加強身體的循環。此外，我們還可以在靈氣的過程中掃描動物身體的能量狀態，必要時提醒家長就醫進行更詳細的檢查，特別適合做為老年動物的日常保養！

認識疾病，讓動物靈氣成為輔助醫療的一環

自從我以「動物靈氣療癒者」的身分開始執業後，有越來越多家長找上門來。一開始來預約的案子不外乎行為議題或創傷記憶，而這些本來就是靈氣的情緒療癒範圍。這類型的動物，在療程中得以釋放情緒、整理過去記憶，再回到生活中重建習慣，所需的療癒時間較長。

接案期間，偶爾也有些相對單純的疾病案例，例如：腸胃炎、感冒、便祕……等沒有即刻生命危險的小病，而這類型的動物在接受醫療靈氣一、兩次，提升了自主身體循環之後，很快就會康復了。

過了一段時間，開始出現腹膜炎、腫瘤、失智、多重併發症……等病症越來越複雜的動物，還有更多我生平第一次聽到的專有名詞，像是「肥厚性心肌病」。我自己的心肌在哪都不知道了，更何況是動物的心肌？還外加肥厚！這到底是什麼？

起初我因為好奇，想知道心肌的功能是什麼？算不算心臟病？心肌肥厚如何影響動物的生活？所以查詢了疾病的相關知識，沒想到居然養成了一種狂熱。

每次收到預約表單上填著陌生的病名，我就開始翻書、上網找資料。即便我不是獸醫，書櫃裡仍多了好多小動物專科的教科書。要看懂專業書籍的內容，真的難，不過我仍希望自己至少要成為一座橋樑，用靈氣療癒、放鬆動物的狀態，把動物因疾病而引起的身體感覺告訴家長，讓家長了解動物的現況，以找到更合適的陪伴方法。

很多人對身心靈、能量療法感到卻步，認為我們到處通靈，總是講一些能量、高靈的東西，沒有科學根據、怪力亂神，是新時代的宗教亂象等等。我必須承認，這個圈子同溫層的那道牆高又厚，我們常常認為在做一件幫助別人、有意義的事，但在不認同的人眼裡，就是神經病。

對此，我也沮喪了一陣子，如果有很多實證實例，科學領域、親身體驗皆證明這件事可以助人、幫助動物，那我要如何將它開展到世界各個角落？

當家長提到「BUN」，我雖然不需記住 BUN 的中文名詞「尿素氮」，但我知道，BUN 是測量腎臟指數的項目之一。血液裡面的氮正常會從尿液排出，如果 BUN 指數過高，就代表腎臟功能要注意，我便能在靈氣時，多療癒腎臟的狀況。

當我了解這些專有名詞在醫療上所代表的意義，了解不同面向所展現此刻動物身體的處境，再整合自己靈氣方面的專業，我就具備了能跟醫療對話的語言。

我本身也是動物小孩的家長，能很深刻地體會每位家長的心情。我希望當自己小孩需要幫助的時候，可以成為那個接住他的人。做動物的靈氣不只是療癒動物的身心平衡，還需要跟家長溝通，讓家長了解動物的狀況，一起討論出最適合照護動物的方案。結合醫學專業知識跟自己專業，說出能量療癒領域之外的其他人類聽得懂的人話，與外界溝通對話，這項服務才更有機會拓展給需要的動物。

靈氣不能取代醫療，但一定是很好的輔助醫療。

這件事在我執業這麼多年後，至今仍這麼認為。在動物進行醫療時，靈氣可以陪伴他們減緩壓力，同時我也意識到，要成為好的輔助醫療，首先療癒者要對動物疾病有一定程度的認識。畢竟，知己知彼才能百戰百勝！

每個人都擁有一雙靈氣之手

靈氣可以自學。我這麼說是不是讓你嚇到,心想:「真的嗎?」

因為,「氣」,無所不在,我們全身都散發著氣。

當我們看到動物小孩在耍可愛而伸手撫摸他們、看到喜歡的物品便想拿起來多看幾眼,甚至在路上和許多人擦肩而過,彼此的氣都會相互牽動產生連結。連結創造流動,流動接引循環,不管我們有沒有進入體系學習靈氣,當我們每次撫摸動物小孩,其實都在釋放靈氣。

因為,**每個人都擁有一雙靈氣之手。**

雖說靈氣之手我們天生就有,但不一定知道如何使用。自學或找老師學習,我認為都需要長期的操練,去體驗整個人成為通道──「能量進來、能量流出」的感覺。一定要記得:**能量流經我們,但不駐留。**靈氣的過程中,沒有一處需要用力,就像呼吸那般自然。

除了按照本書提供的方式進行練習,也歡迎你嘗試不同的呼吸法,找到適合自己的方式,練習讓自己的氣息深長且穩定。多陪伴自己的身體、經常練習,當身體的能量卡住時能更快覺察,並提醒自己通道呼吸的概念,再一次深呼吸,讓能量重新流動起來。

每個人根據性格、成長背景、生活環境的不同,靈氣的特質也不相同。有些人的靈氣感熱熱的,有些人則是刺刺麻麻帶點電流感,什麼樣的感覺都很好,也都可以為動物做靈氣。沒有人不適合做靈氣,需要的是:練習。

所以,無論是進入體系學習或自學,盡情地跟靈氣玩耍,讓它在手中產生趣味,驗證它在生活中的可能,靈氣療癒會變得越來越好玩。

Chapter 2

靈氣療癒的第一步
✦自我療癒✦

能量先通過你，
世界上最先需要接受療癒的人，
是自己

　　農曆年節大掃除時，臉書經常會推播「油漬OUT！去垢、除霉，無效退費！」的各類清潔用品廣告，以及這幾年很熱門的酵素通水管相關產品。我蠻愛看通水管的廣告影片，廠商拍攝一支被毛髮堵住的透明水管，酵素倒進去，阻塞物瞬間便全都排出來了，不知道效果是否真的這麼好，但看了就很療癒。而這樣的畫面，也有助於你進行靈氣施作時的想像。

　　開始為動物進行靈氣療癒時，必須先建立一個觀念：**宇宙的能量進到你的身體，再從雙手傳給動物，所以「你」會先被靈氣流經，再來才是動物。**

　　假設療癒者的身體是水管，靈氣的流動是水。水管內部乾淨、空間足夠，水流就會順暢；若是水管被頭髮、污垢堵塞，水流因各種障礙物而變小，甚至會阻塞流不過去。

　　無論是哪一個門派的能量療法，都會強調——療癒者首先要自我療癒，要先照顧好自己，才能去照顧別人。

　　觀照自己，定期整理自己的能量，清潔自己的舊有能量，每隔一陣子，就將累積在體內、但現在已經不需要的能量倒出來，歸零淨空。長期維持這種習慣，將會對能量感知更敏銳，使靈氣能輕鬆地通過你、進入動物的身體。

　　整理自己的方法很多，運動、喝水、按摩、練拳、靜心都是，找到

適合自己的方法才是最重要的。

其實很難有所謂完全清空的管子，因為你每天都在做接收能量（看手機、聽音樂）和釋放能量（聊天、排便）的事。你不可能一直都保持乾淨、純淨的能量，可是，當你記得流動，一切就不一樣了。

流動，讓氣自然地經過自己，不主動抓取、不原地駐留。回到第一章講到的氣。生活中的氣無所不在，無時無刻自己都在進氣。練習把多餘、不需要的氣放掉，就是不抓取。生活中這些進氣的物品、事件，會誘發你內在升起感受，而你要提醒自己處於流動中。

感受會來、感受會走，便是不駐留。

我很喜歡的動態靜心「蘇菲旋轉」，便是「不抓取、不駐留」極為經典的體現。蘇菲旋轉源自於伊斯蘭教派，參加者無論男女皆穿著長裙，雙手張開，朝向同方向旋轉。在專注且當下的旋轉裡，與天地合一。據說有人一旦開始旋轉，便會持續上數個晝夜。

我第一次體驗蘇菲旋轉，是在某位老師開的表演工作坊。在場的學員問老師，「旋轉會暈想吐怎麼辦？」老師回答：「暈會來，暈也會走，吐完就不吐了。」多麼超然又寫實的一句話。陸續體驗過幾次旋轉後，我發覺自己思緒多的時候，特別容易暈眩；如果提醒自己回到呼吸，就會好一些，從暈眩中恢復的時間也一次次地縮短。

回到能量的主題，靈氣療癒者不會刻意去分辨能量的好壞。我們就像通道，通道負責運輸功能，運送能量。郵務士不會把別人的信件打開，快遞也不會先拆包裹再請對方簽收。如果你覺得能量混濁，那有沒有可能是你抓住了混濁？

沒有人可以影響你的能量，除非你允許了。了解是自己的原因之後，呼吸、吐氣，然後放掉它，讓自己再一次流動起來。

自我療癒的好處

　　自我療癒指的是每天花幾分鐘陪伴自己的身心。療癒法百百種，選自己適合、喜歡的入手。我們不追求自我療癒的標準，而是品質，若是追逐標準感到有壓力，那太為難自己了。畢竟療癒的目的是走入自己，若是選擇一個自己很難達成的挑戰，那只是在做表面功夫而已。我們每個人每一天都不會是同個樣子，狀態當然也不會一樣，讓自我療癒像是點菜一樣，依照每天的狀態來更動、調整，更有彈性地為自己安排自我療癒。

　　雖然我們是為了要幫動物靈氣，才開始自我療癒、整理自己的水管，不過，自我療癒確實是先為你自己帶來許多好處。

一、了解自己的身體並重新組織

　　小學跳舞、大學演戲，從以前到現在，表演一直是我的身分之一。聲音和身體是表演者重要的媒介，和自己的身體相處是每個表演者例行的工作，除了肌力、耐力的體能訓練，更多時候，我們是在意識身體的樣貌，依每天的狀態來調整使用身體的方式，像是今天後腿筋比較緊、肩膀感覺比較重；今天呼吸蠻順暢的、聲音卻低沉一些……等等。我對自己的身體變化具有一定的觀察力，雖然常被虧是豌豆公主，經常這裡痛那裡痠的，不過，這個習慣對於我在動物靈氣的工作上，卻產生了很大的幫助與影響。

　　當靈氣進入體內，可能會因身體的姿勢、習慣造成的緊繃或僵硬，而讓通道變窄。只要靈氣在我身體裡的流速變慢，我就會意識到，並放掉該處的身體壓力。

　　如同前言，我們不可能一直都是順暢的管子、健康強壯的身體，偶爾出現障礙物超級正常，完全不需要為此沮喪。而彎路也有彎路的走法，每個人都有組織自己身體空間的方式，只要找到適合自己的使用方

法就好了。自我療癒能幫助我們意識自己的身體感受、更認識自己的身體，打開身體的感知，提升組織自己身體空間的能力，讓氣更通暢地經過。

二、提升身體敏銳度

跟自己的身體變熟了，我們對於身體發出的訊號就會更敏銳。例如：感受到自己需要多補充點水分；比起一心二用，好好吃頓飯身體會更加舒服……等。覺察身體的需求和反應、做身體需要的選擇，久而久之，聆聽身體的聲音會成為習慣。當它疲勞，你會知道該停下來休息；當它想多分泌些腦內啡，你會去看場電影。身體不再是無聲支援你的器材，要用的時候操爆它、不用的時候就擺著；身體是你的親密夥伴，它過得輕盈，你的心情自然會好。

三、培養氣感

氣非常精微，生活中到處充滿著氣，問題是，我們常常感覺不到自己的氣。很多人做靈氣會表示「沒感覺」，以至於產生挫敗、不確定感。最主要的原因，是掌握不住自己的氣感、對氣感模糊。

身體得到適當的照顧與關注，敏銳度提高了，對本就流動於體內的氣的感受也會更加明顯，甚至還能感受到環境中氣流的變化。

四、舒緩情緒和壓力

自我療癒是和自己內在相處的過程，請留點時間把自己當作第一優先照顧的對象。在沒得安放情緒、生活上的壓力時，拉一張椅子給他，彼此一起喝杯茶、聊聊天。人類世界大部分的問題很難解決，不過此刻沒有人要處理你，我們也不是要處理情緒，只是很單純的陪伴，就如同靈氣陪伴動物一樣。

五、同理動物的感受

感受這種事情，沒有體驗過其實很難想像。有了自我療癒的探索與覺察過程，提升了對自己的情感需求、生理需求意識之後，在面對動物時，才能產生更多感同身受的空間。

我們最後的目的是要為動物靈氣，為自己療癒是第一步，也是最重要的一步。當你踏出這一步，甚至跨過這一步之後，你會離自己越來越近，同時也會更貼近你的動物。因為你會明白：你和他雖然是獨立的個體，但密不可分，尤其在自己動物夥伴身上，更可印證這一點。

我和動物夥伴都希望彼此好好的。他們絕對不願意看到，人類因為想要照顧得更周到而忽略自己。後面的章節也會提到，我們與動物夥伴如何產生能量共振，因為照顧自己和照顧動物夥伴同等重要。

自我療癒的重要性

進入實際操作之前，我想花一個章節來說服大家，我認為必須要做的事情——療癒者的自我療癒。

「很奇怪吼，為什麼動物靈氣要講人類啊？趕快跟我說怎麼做動物就好了啊！」我想說的是：做動物靈氣的手法只要三分鐘就能學會，可是要把動物靈氣做得好，首先在於療癒者自己的內在功課。

動物靈氣如何有效？「有效」在動物身上的定義是什麼？

如何理解動物的傷？怎樣的行為是在幫忙，而不是幫倒忙？

怎樣的愛，是動物需要的？

思考以上這些問題時，很多時候都得碰碰自己、問問自己。

我哪時候覺得受傷了？為什麼有這種感覺？我怎麼給予愛？我希望什麼樣的愛？為什麼我有這樣的希望？

當我們對自己探問，便踏上了自我療癒之路。帶著自己重新閱覽生命的風景，耐心陪伴低谷中的自己、受限的自己、凍結的自己；把曾經認為難過的路障，輕巧地從道路中央移除，騰出身體與心靈的空間，再一次選擇溫柔地善待自己。

自我療癒不代表要修到成仙成佛，反而是透過自我療癒關心自己、感受自己每個小細節，安放那些被忽略的情緒與年久失修的身體。在為動物服務前，先調和自己的狀態、為自己找到平衡，先讓自己蓄足能量，才更有底蘊去為動物服務。

所以，無論做多久的動物靈氣，我都會提醒自己記得自我療癒、觀照自己。我是提供服務的人，假設自己累得半死還硬要做，那麼反而是動物要照顧我喔。而且多數時候，動物都比我們誠實地面對自己的傷，會閃躲的，都是人。

能量共振

做動物靈氣前，要先從療癒自己開始。而你最近過得怎麼樣？感覺自己的狀態如何？身體都舒適嗎？你的一天中，有沒有特別放鬆的時刻呢？

我們在前面章節有提到，身體做為承載能量的容器，能量則比喻為水。想像每個生物的能量就裝在容器中，有些生物的容器比較大，有些生物的容器比較小，根據身體大小以及個體狀態會有些許差異。

舉例來說，假設人類這種生物的能量水位頂端標示為 500，家中毛小孩的能量水位根據肉體容器大小，大約在 100 到 200 之間，動物最大的能量水位可能不到人類的一半。

每個生命體，無論是你、我，還是動物，都擁有自己的能量振動。當我們相愛產生連結，彼此之間的能量就會因振動而互相影響，生活在同一空間的我們，更會因為這些振動調整彼此的能量水位，以維持平衡。這就是所謂的「**能量共振**」。

人類的身體（容器）比較大，能裝載的能量自然比小動物多，因此通常是家中能量水位的支柱。但是我們人啊，不可能隨時都維持在高能量的狀態，一定會有水位高高低低的時候。

當人的能量水位長期偏低，我們要做的事反而是好好照顧自己，而非動物。好好吃飯、有睡眠困擾的人找到休息的方法，先把自己的水位養起來，才是第一優先。總不會動物的水位是 200，你只剩 100，還想卯起來為動物靈氣。因為回到共振原理，這時到底是誰在療癒誰，答案就很清楚了！

靈氣的重點，並非要讓自己的能量一直維持在飽滿狀態，有起伏才

是常態。我想要讓你先了解「能量共振」的概念，在做動物靈氣前，對準自己的狀態與初心——我們要與動物一起共好。那麼，你是好的嗎？你自己的狀態如何？今天的你都還安好嗎？

況且，靈氣療癒不是補充能量的唯一方式。我覺得偶爾先從生活著手，踏實地生活、好好過日子，就算沒有做能量療癒，光是你穩穩的存在，就能帶給全家安定嘍。

自我療癒菜單 Ａ＋Ｂ

我將療癒主題分為「流動與釋放（Ａ）」和「重建你的靈氣通道（Ｂ）」兩大主題，其下各包含兩個單元：

● **流動與釋放（Ａ區）**：清理、呼吸，重點在於釋放。

清理自己的舊能量，把不需要的釋放，大方說掰掰，引入新的流動，啟動新的身體循環。

● **重建你的靈氣通道（Ｂ區）**：源頭連結、為自己靈氣，重點在於重建。

在冥想中，加強自己和宇宙萬物之間的聯繫；透過碰觸，重建自己與身體的感覺。

你可以按照自己今天的狀態，在Ａ和Ｂ裡自由挑選一個練習來進行，連續練習一週，並且把感受記錄下來，然後比對自己在自我療癒前後的差別。能量這種抓不住的小調皮，必須得經由你的體驗漸漸塑形，你將學會在每一次體驗裡，信任自己的感受。

Ａ 流動與釋放

單元一：清理

釋放多餘的思緒、清空自己，腦袋不參與過去、未來的事情，回到你的身心，輕巧地專注於當下發生的事情。

【練習一】畫圓

準備一張空白的Ａ4紙，計時五分鐘，調整呼吸。

當你準備好時，按下計時鍵，用黑筆在紙上畫圓，在這五分鐘內一直重複畫圓的動作即可，如此可以將身體多餘的能量透過手部動作釋放

出去。當你在畫畫，你仍然不會忘記呼吸，動手為的是幫你將過多的思緒釋放、離開你的身體，保持有意識的呼吸，讓自己的氣息流動起來。

時間到！再一次呼吸，享受平靜。

【練習二】凝水放空

準備下列物品：一個直徑約十到十五公分的玻璃碗，裝入七至八分滿的水、一支筆、一小張紙。

看著碗裡面的水七分鐘。這個過程中，若你意識到有念頭跑進來，請你將它記錄下來。念頭會來、念頭會走，你只是被經過的通道。

【練習三】流水沖洗

淋浴時，讓蓮蓬頭的水從頭頂流下沖洗身體，同時把鼻子捏住用嘴吸氣、吐氣。水流除了物理上幫你清洗身體，水流是自然萬物的一環，水流經你的肌膚，流經你全身，再一次清理你這個通道。整個過程約兩分鐘。

MEMO

1. 我們太容易被頭腦牽著走而放棄身體正在做的事，思緒清理的練習皆需要計時！
2. 使用過的紙張請直接丟棄，不要再拿起來欣賞自己當時寫了什麼、畫了什麼。釋放完了，不戀棧。

單元二：呼吸

嘗試不同的呼吸方式，並練習慢且深的呼吸。慢慢呼吸時，給身體更多時間擴張，將氣息送到更深的位置。

這個練習有助於有效地將氣流送達身體各個部位。

【練習一】 探索呼吸

探索四種呼吸路徑，哪一條你做起來最舒適？你比較喜歡哪一種？呼吸無好壞，在這裡，你只需要探索它，感受你呼吸循環的規律，不試圖去改變或糾正自己，當自己呼吸的觀察者就好。每種路徑皆有秒數限制，如果你發現秒數還沒到就已經沒氣，表示你做得太快或身體空間不足。沒關係，下次再讓呼吸更緩而均勻就好。

1. **鼻吸鼻吐：**鼻子吸氣七秒、鼻子吐氣七秒為一個回合，連續做八回合。
2. **鼻吸嘴吐：**鼻子吸氣七秒、嘴巴吐氣七秒為一個回合，連續做八回合。
3. **嘴吸嘴吐：**嘴巴吸氣十秒，嘴巴吐氣十秒為一個回合，連續做五回合。
4. **嘴吸鼻吐：**嘴巴吸氣四秒，鼻子吐氣四秒為一個回合，連續做五回合。

【練習二】 練習閉氣

或許你會疑惑，流動不就是有吸有吐，為什麼還需要練習閉氣？因為當我們閉氣時，體內留住的氣會加速運轉工作，氣壓會把身體閒置或不常使用的空間撐開，可加速新陳代謝、促進血液循環。

另外，若是對閉氣這個動作感到緊張，請你在閉氣時提醒自己可以再更放鬆。今天閉不住，還有明天；明天閉不住，還有後天，不給自己壓力慢慢地練習。

1. **鼻子吸氣：**肚子會變得鼓鼓的，閉氣默數十秒，接著鼻子吐氣，把氣全部吐光。完成三個回合。
2. **嘴巴吸氣：**想像你的肺就像氣球那般鼓脹起來，脹到最大時，閉氣默數十秒，接著嘴巴吐氣，把氣全部吐光。完成三個回合。

【練習三】 傳送氣流

挑三個身體部位，可以是大區塊肌肉、關節，例如：肩膀、後背；也可以是器官，例如：腎臟、眼球。身體任何一處都可以。

請你先用鼻子緩緩地吸氣，並且想像這口氣在你吸入的過程中，被傳送到你選擇的部位。接著閉氣，閉氣時氣流會在該部位快速地旋轉、活絡它。當你用嘴巴把氣吐出來的同時，有一部分的氣流會從該部位流出。每個部位做三次，一個部位完成後，再繼續練習下個部位。

這個練習綜合了：用氣息釋放身體壓力、覺察身體、氣息在體內流經的路徑。完成練習之後，你會感到意外地放鬆；如果沒有，那代表你太用力、太努力了，記得放輕鬆一點再做喔。

B 重建你的靈氣通道

單元一：與源頭連結

你有想過，為什麼我們去爬山、到海邊玩，在大自然裡走走，心情就會自然而然地好起來嗎？每一次走進大自然，感覺所有的景色都會被放大？

我經驗是這樣子的：每當我走進大自然，我會看見在規律的都市生活中被忽略的小事，像是蜘蛛網突然變得清晰、因陽光照射讓苔蘚的綠帶點螢光色、當聲音靠近水面，水下的魚就會因聲波散去……。和大自然在一起的每個細小片刻，都在提醒我回到當下，與萬物的存在相處，原來這麼寧靜美好。

靈氣連接天地之氣、接引萬物的能量，我們可以想像天地，有天空和土地，還有什麼組合成天地？是萬物。進一步擴充聯想，還有山、海、溪流，自然界裡的所有存在。雖然我們大部份人居住在城市，但當你坐在這裡，坐在你家的沙發上，雖然物理上離這些萬物的距離很遠，但天地之氣仍不會停止支持你。

你可以透過冥想加強與萬物的連結。當你迷路在匆忙的生活中，請召喚你心中的大自然，讓它帶領你與自己心中的寧靜待在一起。

【練習一】 流水開啟通道

每個聲音都有其獨特的頻率與節奏，請你先播放溪流的音樂聲，找一個舒適的地方躺下。跟著溪流的頻率呼吸，水流會從你的頭頂湧進，經過你的臉、脖子、肩膀、手臂、胸口、腹部、髖關節、膝蓋、腳踝，最後從你的末梢手指頭、腳趾頭、腳底板流出去。

每一個被水流經的部位，都會感覺變得清涼且輕盈，全身都像被溪水清洗過。結束冥想，謝謝溪流，謝謝它為我們帶來的淨化。

【練習二】 接地冥想

這個練習需要站立。踏一踏地，一邊踏地一邊呼吸，當你的腳底板接觸到地面，你會感覺到全身的重量被地板接住。

【練習三】 感受微風

找一個空曠的場域。

你感受到微風朝你的正面吹來，全身皮膚的毛孔敞開迎接微風，風細微地穿透你，從你的後背流出。你什麼事情都沒有多做，只是靜靜地被風穿越。多少風進來，就有多少風從你的背後離開。因為你只是一個通道，能量會經過你，但不駐留。

單元二：為自己靈氣

為自己靈氣是我最喜歡的部分，常常摸著摸著就睡著了。

我們很喜歡摸動物，很喜歡摸嬰兒，因為這些可愛的生物有種魔力，讓人忍不住就想伸手摸兩把，但，我們其實很少觸摸自己。為此我還做了個調查，我問身邊的朋友為什麼對碰觸自己沒興趣，多數人都回答：「不知道，沒有想過。」接著問，你想得起來第一次被摸的感覺嗎？有一半比例的人表示：「細節記不太清楚，但是印象不好就是了。」的確，我回想自己被碰觸的經驗，感覺都不太舒服。那你的呢？你還記得

第一次被碰觸的經驗嗎？感覺怎麼樣？

「為自己靈氣」的意思是：把雙手放在身體上，當你呼吸，你的呼吸會和你最愛的大自然同步連線。萬物的氣息進入你，你手中的氣也同時流進到身體，重啟循環，重新幫自己的身體記憶一份有愛的碰觸。

碰觸的經驗有了愛的加持與體驗，在你碰觸動物時，就能延續這份感受，給予你的身體所需的關注與愛。

【練習一】 為自己按摩

為自己準備按摩油或乳液，請你從頭到腳，為自己的身體按摩，不放過任何一處。非常物理性地摸摸你的骨頭、按壓你的肌肉，當你這麼做時，就在告訴你的身體，我正在關心你，謝謝你支持我的精神與心智。

結束按摩，把溫熱的手放在一處你今天最想療癒的地方。放著的時候一邊緩緩地呼吸，你會感覺到一陣陣暖流，從你的手流進那個部位。

【練習二】 聆聽身體

找三個你現在身體最不舒服、最僵緊的部位，把你的雙手覆蓋在那個部位上，跟那個部位聊天：「你還好嗎？」「你現在為什麼不舒服？」「你需要我怎麼照顧你？」當作一個久未見面的朋友和它聊天，聆聽那個部位想跟你說的話。接著，想像你每一次呼吸，靈氣會經由你的手進入到那個部位，陪伴它，給予他支持與力量。

【練習三】 關照身體的情緒

俗話說，「百病從寒起。」體內的寒涼與壓抑的情緒有關，此處的壓抑不見得是有意識的，也可能是無意識的習慣。今天要關照的，正是身體裡的情緒。

請你先輕碰自己的身體，摸摸看哪個地方散發出來的溫度偏低？這

個部位或許暗藏某種情緒。接著用雙手給這個部位熱能，溫暖它。有可能因為這樣的碰觸，使情緒被帶出到表面，你因而有些憤怒、難受、想哭的心情。請謝謝它的存在。

| MEMO
每個練習一定都要記得好好呼吸，呼吸會幫助我們與萬物相連。

流動與釋放 A	重建你的靈氣通道 B
清理 【練習一】畫圓 【練習二】凝水放空 【練習三】流水沖洗	連結 【練習一】流水開啟通道 【練習二】接地冥想 【練習三】感受微風
呼吸 【練習一】探索呼吸 【練習二】練習閉氣 【練習三】傳送氣流	為自己靈氣 【練習一】為自己按摩 【練習二】聆聽身體 【練習三】關照身體的情緒

　　這些小練習的目的，是為了把靈氣更不費力的引出來，回到你的生命裡。完成自我療癒的功課，就可以準備替家中的動物嘗試靈氣了。

Chapter 3

做！動物靈氣

居家的動物靈氣

靈氣施作的形式可分為「**現場靈氣**」和「**遠距靈氣**」兩種。

現場靈氣如同字義，療癒者跟動物在同一個現場；遠距靈氣則是使用照片或是對方的個人資料，進行遠端的能量傳遞。

遠距靈氣傳遞的原理是量子力學，這邊就不多闡述。對我來說，要做現場還是遠距，除了要考慮動物進行現場靈氣時，是否會因為環境因素更緊迫，或是不習慣氣息的流動而難以接收靈氣。此外，也取決於家長是否相信遠距靈氣，如果很難信任利用照片來傳遞能量的服務，不如面對面更有臨場感。

有人會問，現場靈氣的效果應該比遠距靈氣來得好吧？我覺得沒有好壞，而是療癒的方向不同。

靈氣是一種氣的按摩。試想，當我們去按摩，按摩師施力在僵硬又勞累的肩膀時，我們會感到痠痛；有時碰到敏感帶時，身體也會自然地抽動或閃避。動物在做靈氣時，也有相似的情況。

當靈氣進入動物身體進行氣的按摩，滯留的能量因靈氣而被鬆動，難免會有些不適或不習慣。況且，現場靈氣還需考慮環境是否適合靈氣療癒。要記得，靈氣的目的是放鬆，如果為了靈氣療癒而要求家貓出門，光是出門就夠緊張了，還要給一個陌生人摸身體，簡直是壓力值爆表。

現場靈氣時，肉眼就能見到動物對靈氣的反應，因此可隨時依動物接收的狀況做調整，要為受傷的患部、或是開刀、發炎的重點部位單點加強也很方便，家長還可以和動物一起享受靈氣的寧靜與療癒後的鬆弛。自家動物，或者性格穩定的大型犬、行動不便的動物、非犬貓的特殊伴侶動物等，相對比較適合現場靈氣；說白了，就是不會中途跑掉的

動物最適合現場靈氣。此外，我也不建議為了施作靈氣而追著他們跑，對於人和動物都很有壓力。

遠距靈氣則對第一次接受陌生人靈氣的動物比較友善。由於採用照片的形式，遠距靈氣少了陌生味道的刺激；再者，動物可以待在自己熟悉的環境，對靈氣的接受程度會較高。用照片錨定目標的另一個好處，就是不會因為動物感到不習慣而移動身體時，使得療程中斷。

然而，身為一名靈氣療癒者，我一定是選擇該動物感到最自在的方式。我有好幾次經驗是，原先在家長的要求下到府靈氣，但最後還是變成拿出照片傳送遠距靈氣。又有一次，我遇到一隻非常生氣的貓咪，一開始他很介意我帶著家中貓咪的氣味來到他家；後來，他覺得靈氣讓他的身體變輕盈的感覺好奇怪，於是對我瘋狂哈氣。

家長如果覺得現場靈氣一定比較好，但動物在整個療程中超級緊張，反而失去真正想要達到的放鬆效果。此外，還會讓動物對靈氣留下壞印象，真的超級得不償失。因此，本書主要是想提供家長居家靈氣的方法，讓家長自行在家為動物施作靈氣療癒。動物在自己熟悉且安心的環境下接受靈氣，效果肯定是最顯著的。

為自家動物和其他動物靈氣，感受上完全不同。我想從療癒者及家長兩種不同角度來談，可以怎麼做會更適合動物，以及怎樣的靈氣療癒策略，能幫助整個療程更順暢。

另外要補充一點。靈氣發展到後來，出現了靈氣符號、靈氣點化等加強能量的形式。這些形式的目的，主要在於加強靈氣能量，以及幫助人們在施作靈氣時有更具體的感受。而**靈氣源自於宇宙萬物的能量，因此，不需要這些也能發揮作用**。用照片為動物進行遠距靈氣，即便療癒者與動物處於不同空間，正因為有靈氣符號的幫忙，與動物連結的速度也能更快，使靈氣傳遞更順暢。不過靈氣符號的教授需要參加相應的課程，因此無法在書中以文字教學。

動物靈氣前的自我調整

第一步、請先完成自我療癒的菜單

做動物靈氣前，先自我療癒。

做動物靈氣前，先自我療癒。

做動物靈氣前，先自我療癒。

做動物靈氣前，先自我療癒。

這個很重要，所以要說不止三次！

請你先整理自己、調整自己，再為動物靈氣。

而且，我建議你至少進行七天的自我療癒，再開始為動物靈氣。因為身心的累積是長期的，經過較多天的練習，體內被振盪出來的空間會更大，此時你的身體將會更適合幫動物做靈氣。

第二步、打造舒適的環境

放音樂、調燈光都很好，想用香氛放鬆自己的身心狀態也完全沒有問題，但記得留意是否對動物有毒性。若是擔心，可以改噴動物的情緒安撫噴霧，通常動物用的放鬆噴霧，對人類也有相同的效果。

第三步、放鬆的姿勢

嗨，管道們、能量通道們，你現在的姿勢腰會不會痠？手臂需要用力抬起來嗎？

靈氣時不是非得要直挺挺的，因為姿勢絕對會影響能量流的順暢度。況且我們是要幫自己的動物做靈氣，他跟你最熟悉，他也最清楚你今天的鬆緊度，所以，不妨讓自己處於一種放鬆的姿勢。

我就很常躺著摸卡查兄弟（我的貓），然後一起睡著。

第四步、探問與呼吸

手要舉起來放在動物身上之前，做幾個呼吸回到自己的內在，每一個呼吸都再一次探問自己。

「我的狀態目前如何？」「我準備好了嗎？」「呼吸的感受如何？還平穩嗎？」「我能感受自己手心的溫熱嗎？」「靈氣從四面八方進入我，再從我離開，這樣的過程有想要抓住流動的意圖嗎？」

以上問題請先問過自己一遍，都有回應的話，就代表你已經準備好，可以開始了。

▌MEMO

有發現自我調整裡，多是提醒你要放鬆嗎？
能量先經過你，才到動物身上。當你越是放鬆地進行動物靈氣療癒，動物的接受度也越大，也會越喜歡靈氣喲。

開始為動物靈氣

終於來到為動物靈氣的實際操作了！

靈氣動物時，動物可能會安心地躺在你懷裡，也可能因為不習慣碰觸而逃跑，每隻動物對靈氣的反應都不同。在你的想像中，你們家的狀況會是如何呢？你準備好接受動物對靈氣最真實的反應了嗎？

在開始之前，我還想問問你：

「在這些練習中，你感覺到了什麼？」

「練習給了你什麼樣的感受？」

「做靈氣調頻、靈氣自己，你還喜歡嗎？有沒有不習慣的地方？」

「如果你喜歡，你想要分享這份感受給動物嗎？」

上述的提問，可幫助你釐清想為動物做靈氣的初心是什麼。

基礎靈氣施作

(1) 開始之前，請口頭告知動物要傳靈氣給他，解釋靈氣將帶給他的好處，請他安心接收。靈氣是氣息的運作、比按摩更深層的交流，告知動物、尊重動物的身體自主權，動物對靈氣的接受程度會更高。

(2) 不急著摸動物。**校準自己的念頭**，調整自己的呼吸，想像自己是一條河流，靈氣是水流，從你的頭頂流經你身體的每個地方，再從雙手、腳底流出來。慢慢地想像這條路徑，讓自己的氣息先傳導至全身，當你感覺到雙手的手溫升高、有些麻、刺感，那就是了。

(3) 調頻完畢的手會散發更多氣息，這是人類看不到但動物看得到的。**先讓動物嗅聞你手上氣的味道**，讓他感受這份氣流，了解這是很安

全、可以信任的，他或許會去蹭蹭你的手表示喜歡。

(4) 這時候，把你的雙手放在動物的上背部、也就是心輪的位置，輕輕地按摩放鬆肌肉。

(5) 再一次深呼吸，啟動你的呼吸傳送靈氣。現場的靈氣療癒，你的手在物理上不一定要觸碰到動物的身體。請根據動物的反應，視情況先稍微隔空，等待他習慣後，再把手放在動物身上。此時雙手都在心輪（上背部）的位置。

(6) 保持自己輕鬆且穩定的深呼吸。一手仍保持在心輪，另一隻手輕撫動物的身體，感受哪些地方較為僵緊，哪裡需要療癒。慢慢地把手移動到新的位置，先輕輕按摩鬆開它，再傳靈氣。維持一手仍保持在心輪，一手移動到新的位置。

(7) 靈氣完，請將你的雙手搓熱，從動物的頭頂沿著背脊摸下來，直到尾椎順順氣。透過順氣，把剛剛施作的靈氣再一次活絡動物全身，多順幾次，然後再搓揉他的肉墊、耳朵及尾巴尖端，刺激末梢。

(8) 準備結束。雙手離開動物身體之前，感謝動物，感謝他的身體。感謝很重要，被摸的一方雖然舒服，但也不是理所當然要接受碰觸。

▌MEMO

當你放鬆身體，保持規律且深長的呼吸，靈氣就在傳遞。

不需要想著靈氣快點出來，傳遞者是條讓能量流經的通道，所以靈氣在傳到動物身上之前，會先經過你，你們一起享受靈氣流動的感覺。

剛開始時，靈氣的傳遞時間可以先抓五分鐘，等動物習慣了，再慢慢拉長時間。比起一次傳遞好幾個小時，**每天定時傳遞的效果是最好的**。因為動物只會吸收他當時需要的力氣，多做不但不會加分，動物還可能因此感到厭煩，覺得又要被摸了，手好重、好累喔，一點都不想被摸。先讓動物對靈氣留下好印象，哪天發生緊急情況需要舒緩，你的手就會成為「**在對的時間，出現的那雙對的手**」。

最後，想請大家忘掉前面的步驟！沒錯，就是這麼胡鬧。

一邊看電視、閱讀或放鬆時，輕輕地摸摸你的動物。

動物靈氣並不是單向的事，而是一種互動。不必刻意去創造一個特定的互動環境，而是在做自己舒適的事情時與動物互動，不造成自己的壓力、不影響動物的日常。越是不經意、越是自然，動物的接受程度就越高。

許多人認為，每天與動物靈氣互動，有助於動物的身心健康。不過，動物可能會覺得：「媽媽每天都說摸摸會讓我舒服，可是我沒有覺得自己怎麼了，今天過的還不錯耶。」動物可能會覺得是不是自己哪裡有問題，才需要處理？

靈氣療癒的確具有許多功用和益處，但你做這件事情的出發點為何？是希望動物的狀態得以紓解，還是想要解決動物的問題？例如：身體病痛、行為問題。

假設你的出發點是為了解決問題，靈氣就變成解決問題的手段，那麼動物則成為有問題的對象了。這樣真的是你想建立的關係嗎？

靈氣施作示範影片

初次嘗試為動物施作靈氣，是不是會讓你有點小緊張？這裡特別提供了我為自家貓咪查斯特做靈氣的示範影片，各位可以掃 QR Code 上網觀看，希望能幫助你對靈氣的施作更有信心。

動物有在接收嗎？

靈氣動物時，你的感覺如何？動物的反應怎麼樣？你對於動物是否有在接收靈氣，會感到好奇嗎？

你的手若是感到麻麻的、溫熱感增加，甚至在靈氣準備要結束時，手輕微吸附在動物身上，需要用點力氣才能移開，這表示你的動物可能有接收到這份觸摸。若是，即便你的手貼在動物身上，但仍感覺得到你們之間有些縫隙，而你手上的氣穿越不了那道縫隙，那麼有很大的可能是，動物並沒有接收你的靈氣。此外，如果你的動物在靈氣時，表情、姿勢都處於警戒狀態，這也代表他可能沒有在接收，並且感到有壓力。此時不用勉強彼此，先好好休息即可。

剛剛好的力道

若是在家中施作靈氣時，動物不理你，或是看到你的手舉起來便逃之夭夭，有可能是你靈氣時的力道太強，動物不習慣。

靈氣是宇宙萬物的能量，每個人天生都有，天生都會用，所以每個人的靈氣都有自己的質地。有些人的靈氣可能像水，流動性強；有些人跟火爐一樣熱，有些人則像是微風輕拂。而質地又有分蓮蓬頭的水柱、小溪般涓涓細流或是瀑布體質，建議大家可以常常和親友練習，體驗自己氣息的力量。

另外，如果你觀察到，你的動物常常在靈氣過程中想逃跑，我想問：「你是不是太想幫他做靈氣了呢？」無論是出於什麼原因想幫動物做靈氣，靈氣療癒很舒服，我們和動物共享萬物能量的振動，首要目的也是在於放鬆動物的身心。第一步先達到了，才會有後面靈氣療癒的效果。

▎MEMO

輕輕鬆鬆地做靈氣，你和動物才能感到舒服和放鬆，甚至會越來越睏。有上述這些感覺，就代表你做對了！

靈氣力道練習

【練習一】如何確認自己的力道大小？

閉上眼睛，靜靜地坐著，慢慢呼吸，調整你的頻率與萬物同步。可以使用第一章的呼吸法，加強與萬物連結的想像。

當你準備好時，你的面前會出現一片湖泊，你拿起周邊的小石頭投入湖泊，觀察湖面濺起的水花。水花大小代表你的力量，如果你的水花四濺，你的力氣對動物來說可能太大了。在傳遞靈氣時，先隔空並有意識地提醒自己的力氣收小一點，更溫柔地傳送。

【練習二】我的質地

調整呼吸的頻率，和先前練習的呼吸做校準。找幾位親友，請他們的手心向上，由你傳氣給他。過程中念頭不需要用力、努力地去想靈氣，而是自然順暢地呼吸。

結束後請親友與你分享，他們感覺到的氣感。

療癒三重奏

肉體、情緒、陰影記憶，我稱之為「療癒三重奏」。

隨著靈氣的次數增加，這三個面向都會被碰觸、打開、釋放、流動。生病的背後隱藏著濃烈未被理解的情緒、想被閱讀的心情積累成病、曾經的創傷陰影在新的生活中演變成習慣。而**它們就像組合的重奏曲，相互作用、交替影響。而靈氣會依據每個動物小孩的狀況，自然而然地往動物現階段最需要療癒的面向前進。**

第一重：身體是一個整體系統 —— 你的靈氣路徑

靈氣療癒流動的能量會跑遍身體各處。靈氣的基礎是整體循環，剛開始練習時，在此建議大家一個原則：**哪裡不舒服就摸哪裡**。比方說，動物的腰椎長骨刺，手就直接放在腰椎上。在病症單純、健康的動物身上，氣能輕輕鬆鬆地流動，達到舒緩疼痛的效果。

不過，我們仍要有以下的認知：身體是一個整體，不止是單一部位，而一個部位會與下一個部位連動；也就是說，一處牽連著下一處，而每個接口都有不同的訊號源。

生病動物代表有單點或多點的訊號源亮燈，如果只是關燈，連動的部位沒有一併處理，下一次還是會亮燈。只要對身體的整體性有清楚的認知，我們就會明瞭，做靈氣是幫身體找到新的平衡。

誘發身體不舒服的原因有很多，例如：許多動物容易胃脹氣，有些是飲食習慣所引起，有些則是習慣將未排解的心情往肚子裡堆積，每個動物不盡相同。尤其在處理多症狀的動物小孩時，我們得嘗試釐清癥結點，更了解孩子的情況，尋找原始點的位置。

至於怎麼釐清，需要先回到自己。你的靈氣路徑怎麼移動，它去了哪裡？

剛開始練習發動靈氣，請覺察自己呼吸的動能從哪裡出發、出現的目標、前進方向、有幾條路徑到達，並觀察動物此刻身體的限制與自由，才能在每個需要能量合作的地方，找到適合當下的排列組合。

然而，有時也會遇上棘手的情況，例如：罹患惡性腫瘤且食慾不振的動物，是要先移除腫瘤的淤積能量，還是提升食慾？

我的答案是：**順著流動走。**

因為當下頭腦的判斷，不見得最適合動物的身體。意識回到你的呼吸路徑，回到靈氣從你手中流出去的位置、動物從哪個部位接收，並提醒自己：「能量只是流經我，把主導權交還給動物。」信任力量的流動與經過，持續跟動物的身體協商最適當的位置，才是最好的安排。

當我這麼做時，路徑自然開展。

【路徑練習一】感受氣在自己體內的路徑

放鬆地做幾次呼吸，感覺自己的雙手散發熱能。接著，將雙手放在胸口，每一次呼吸，你都能感覺呼吸帶動的氣息從你的雙手流出，進到你的胸口。當靈氣進入身體，請仔細感受自己的靈氣如何在體內流動？它跑去了哪裡？

先在自己身上多練習幾次再去摸動物，對於路徑的感受會更清晰。

【路徑練習二】感受氣在動物體內的路徑

手先放在動物的患部（若無患部，放在上背部即可），讓氣流從此處進入他的全身跑動。你知道你的靈氣路線嗎？你在動物身體的哪個地方遇上塞車，又在哪裡出現交叉路口？

右頁附上一張以貓咪為範例的側面剪影圖，當家長為自家毛小孩靈氣結束後，請試著畫出靈氣在動物體內流動的路徑（可參考第四章手位圖氣流的畫法）。

第二重：被聽到的情緒 —— 靈氣動物的 1995

身體受傷需要看醫生接受治療，人類有情緒困擾，可以尋求身心科醫生和諮商師提供專業幫助。那麼動物的情緒受傷了呢？

動物跟人類的語言系統不同。動物不會說話，我們只能透過動物的外在反應了解他們、猜測他們的內在狀態。在靈氣的過程，我們會與動物同步，閱讀他們內心的祕密，體會他們心裡的感受。

曾有創傷經驗的動物，為了保護自己的痛，他們的身體時常處於封閉狀態且情緒無處安放。這時你更要花時間等待縫隙出現，等待他們願意分享的時刻。當動物跟你建立起足夠的信任，你就是他隨時可以撥打的 1995。

安靜地聆聽，聽他傳來的聲音，可能是尖叫哀嚎、可能在哭泣。動物勇敢地與你分享心情，請你接住他的脆弱，溫柔放好那些需要被照顧的情緒，讓你的靈氣成為全宇宙最安穩可靠、可以信任的力量。

靈氣在動物身上是療癒的能量，有時也像是與他們的對話。了解對方此刻的困境、整理過往的傷、陪伴肉體的痛，你身為通道，一直都要提醒自己——動物靈氣，不能只顧著施作而沒有聽見他們的需要；不能因為動物靈氣的益處，就想用力揭開動物心中的祕密。請耐心等待你們之間的親密度提升，動物將會與你分享更多的自己。

第三重：陰影記憶 —— 溫柔撕開封箱膠帶

還記得前面說過的嗎？身體是一棟房子，我們的身體收藏著過往發生的每一件事，動物也不例外。

在某個經驗裡受傷、受挫的情緒，如果未被釋放，就會儲存在身體裡。未來如果發生與當時相似的情境，受傷的情感就會再次被召喚，因而出現劇烈的情緒反應 —— 小到動物還在母胎裡的胎內記憶，大到成長過程受虐的創傷，都可能成為陰影記憶。

陰影記憶的顯相，較常表現在動物行為上。還未構成具攻擊性、不影響動物本身日常作息的行為，都還算事小，例如：愛跳上餐桌、對人類食物充滿興趣。但若是持續吠叫，無法停下來休息、遇上特定物品有攻擊傾向……等，事情就比較大條；可能是不好的經驗導致反應過度、對新生活失去學習能力。

我們得理解，每一個異常行為的背後，都有一顆受傷的心。不了解動物的過去，而只針對現有行為去糾正有陰影記憶的小孩，更不容易建立信任關係。而**身體、情緒、陰影記憶三重奏又會互相影響，單就動物行為判斷原因為何，容易忽略主因。所以我還是建議，先從身體層面檢查確認過沒問題時，再從心理層面的情緒、創傷來分析動物狀況。**

陰影記憶的療癒，必須等動物準備好了才能啟動。當動物決定打開那個記憶的盒子，往往是以流淚開頭，需要長時間的靈氣與日常習慣的練習，使累積的情緒得到釋放，再來整理創傷，才能建立新的生活系統。

第五章我們也會談到動物脈輪，從能量的角度看動物行為。

動物靈氣的心理層面

　　說明完施作步驟，再來要談談心理層面，也是實作上較常遇到的各種挑戰。你難免會懷疑自己、會去思考怎麼做才能更恰當，或者覺得自己感受不到靈氣。以上這些都很正常，完全沒有問題的！

　　動物靈氣初期，我偶爾仍會懷疑：「動物真的有接收到嗎？還是我自己在幻想？」後來發現有一些科學家跟我一樣，總是心想：「這有用嗎？怎麼可能？」所以發明了一堆儀器，把做能量療法的人送進去檢查來比對前後差異。這種性格的人被稱之為「懷疑論者」。

　　難以相信能量療法的話，就多操作，辯證它、探究它、驗證它，在你腦中思辨幾百回，直到它變成你的。你信任了，你與生俱來的能力就回歸了。別忘了，靈氣療癒是你與生俱來的能力。

　　此外，在為自己的毛孩和別人家的毛孩做靈氣療癒時，心態會完全不同。當自家毛孩處於生病、情緒不穩定的狀態，而你想替他做靈氣療癒時，特別容易遇到挑戰。這是因為你會擔心、焦慮、不安，甚至覺得自己照顧不周，感到愧疚。

　　而由於執業的關係，我在為別人的動物靈氣時，會從更客觀的角度來看見動物現在所需的幫助，多了用另一種立場來思考的機會。所以當你發覺做動物靈氣不再那麼容易，以上兩種立場的剖析，或許可以派得上用場。

你看到了什麼

　　做動物靈氣時，我會問家長關於動物生活上的觀察，從家長的眼睛來看動物。

　　「今天鏟屎時便便有毛」、「最近吃很多，比以前多一碗」、「他好像不喜歡被碰腳」……等等，這些日常的觀察都能幫助我建立動物小

孩的生活背景資料庫，靈氣時就成為體感上的對照。從靈氣的角度和家長觀察的角度內外對照，動物靈氣就不會是療癒者說了算。因為即使我們很有感覺，但沒有幫到動物，那就只是我自己的感覺而已。我們要談的是，如何能讓家長了解動物的情況，經由他們直接幫助動物。

當提問出現，我們在思考如何回答的過程中，內在對現況的無力會被「問題」喚醒。我會提醒家長：我了解現在動物的狀況不太好，但是，我們可以一起來想辦法，絕對有事情可以做！在找到方法之前，我們先聊聊「你看到了什麼」。

家長說明得越詳細，表示他對他小孩觀察細膩。家長提供的每一條線索，都會成為動物小孩的資料庫，下一次靈氣時就可以調閱出來，說不定就能派上用場。

給親愛的家長：
你都是從哪個角度觀察你們家的小孩，是從他的大便檢視他的健康狀況？還是你下班回家時，從他有沒有迎接你來判斷他的心情？你的小孩今天跟昨天有什麼差異？那今天天氣如何？除了生活環境，遇到季節更替，你們家小孩有什麼特別明顯的轉變嗎？
多問自己一些問題，可以幫助你更了解動物小孩的生活狀態。

允許主觀

誠心誠意地發問，有助於引導家長更仔細觀察動物的日常。「動物現在的飲食習慣如何？」「最近排便尿尿都正常嗎？」這些都是常見而且容易回答的問題。另外我也會問：「睡眠品質如何？」這就難一些，我們又不是動物，怎麼會知道睡眠品質怎樣？但我們可以透過觀察姿

勢、行為來推測可能的狀態，例如：容易驚醒、喜歡睡在黑暗的地方、常常睡到翻肚……等等。

外顯的症狀也是觀察的重點，例如：打噴嚏、眼睛分泌物變多、偶爾會吐出消化未完的飼料……等。把這些資料收集起來，絕對能協助療癒者了解動物的個性及生活樣貌。

家長陳述動物的狀況，有時候可能非常主觀，我偶爾會收到一、兩則求救訊息：「我覺得我的小孩現在身體狀況非常不好，他有吃飯也有上廁所，可是他今天都在睡覺，我怕他身體不舒服，想帶去急診。」

主觀這點完全沒有問題，在焦慮緊張的狀態下，誰都會成為緊張媽媽，擔心小孩會出事。更何況，我們本來就是從自己的觀點看小孩，只是在狀態比較好、心態較放鬆時，觀看的角度寬鬆了一些。

允許主觀不表示療癒者必須承擔家長的情緒，而是在家長的主觀主述中，找到關鍵的訊息，幫家長撥開問題，找到現在此刻我們可以處理的問題。

「好，基本上有吃飯、有上廁所，還沒有到需要急診的程度。你覺得孩子哪裡不舒服，可以多描述一點嗎？」我會請對方多說一些，當然，如果真的有需要，還是必須先送醫。若能從對話中協助家長釐清問題所在，我們安心，也安家長的心。

給親愛的家長：

動物小孩的狀況不好時，我們一定會擔心、緊張、焦慮，這都是人之常情。但如果自己的呼吸紊亂，也很難施作靈氣給小孩。我想請你先幫自己一個忙，去倒杯水，給自己喝口水的時間。眼睛閉上休息，雙手放在胸口給自己靈氣，陪伴自己回到你的呼吸節奏，再看一次小孩現在的狀況，有哪些地方可以即時行動？

美好的共振

我接的動物靈氣個案，大多都是用照片遠距，跟家長約定時間線上聯繫。遠距靈氣很常遇到結束時找不到家長的情況，久了就滿習慣的，因為他們都跟動物一起睡著了。

其實我覺得這件事很棒。傳靈氣給動物，動物共振到身邊陪伴的家長，一起享受宇宙的能量。尤其是生病動物的家長，照顧小孩非常辛苦，反覆的醫療行程還要兼顧工作與家庭，很需要被支持。一旁的家長能與這份療癒能量共振，有機會一起放鬆下來，共振靈氣真的是很美妙啊！

給親愛的家長：

當你在家中為動物小孩做靈氣，你感覺自己很安全，還是緊繃？你是不是覺得需要再更努力一些？

辛苦了，謝謝你一直好努力。那讓我們試一次單純放鬆的呼吸，讓能量流動，跟小孩一起在靈氣的流動中洗洗澡，帶走疲憊吧。

這是一場合作賽

每次收到家長的回饋心得，開心之餘，我都非常佩服家長們心中滿滿的愛。

靈氣終究只是在一旁扶住動物的那雙手，舒緩他身體的不適、陪他釋放情緒以面對自己不好的地方。回到日常生活，家長需要做出改變，調整成更適合動物生活的型態，再靈氣回診摸摸確認動物調整後的狀況。接著我會跟家長討論動物的近況，是現在這樣就很好所以繼續維持？還是哪裡可以再微調？

我們就是這樣的合作關係，和動物一起三方合作。若說動物靈氣有效，是我們共同合作成功。而居家版的動物靈氣，我認為也是如此。

　　動物靈氣的互動性高，收到動物身體發送的訊號，用我們雙手散出的靈氣回應，我們和動物就在這樣的一來一往之間協調，調整平衡。

給親愛的家長：

如果你覺得靈氣很有用，很感謝靈氣，請先謝謝你自己，謝謝動物，謝謝你們因為相愛而願意付出。

Chapter 4

動物靈氣
十二手位應用

腸胃問題

靈氣步驟

(1) 做幾次深呼吸，調整你的呼吸速度，放慢節奏。藉由呼吸放鬆你的情緒，讓自己的呼吸深而悠長。

(2) 閉上眼靜下心，想像自己回到過去曾走訪過的大自然，寧靜地待著，感受自己的呼吸與自然界交流。

(3) 此時，你會感覺到自己與自然界連結，萬物的氣息會進入你的身體，使你的全身逐漸發熱。

(4) 當你準備好時張開眼睛。將雙手搓熱，放在動物的下腹部。

(5) 在這邊進行七至十次的深呼吸。每一次吸氣，萬物的氣息會進入你；吐氣時，氣流會經由你的雙手清理動物的腸系統，把舊能量從肛門釋放出來。

(6) 接著把雙手移到動物身體中段，一樣進行七至十次的深呼吸。

(7) 和動物一起待在靈氣的當下，可能很放鬆，可能有點不舒服，所有的感受會來、也會走，允許發生。

(8) 結束後，雙手離開動物，回到自己的呼吸。洗手、喝水休息。

④雙手搓熱，放在下腹部位置

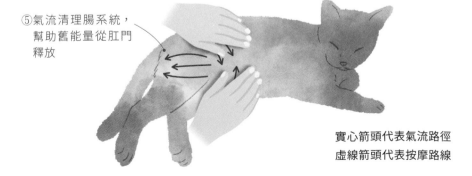

⑤氣流清理腸系統，幫助舊能量從肛門釋放

實心箭頭代表氣流路徑
虛線箭頭代表按摩路線

感冒

靈氣步驟

(1) 做幾次深呼吸，調整你的呼吸速度，放慢節奏。藉由呼吸放鬆你的情緒，讓自己的呼吸深而悠長。

(2) 閉上眼靜下心，想像自己回到過去曾走訪過的大自然，寧靜地待著，感受自己的呼吸與自然界交流。

(3) 此時，你會感覺到自己與自然界連結，萬物的氣息會進入你的身體，使你的全身逐漸發熱。

(4) 當你準備好時張開眼睛。將雙手搓熱，隔空覆蓋在動物的臉部。

(5) 在這邊進行三至五次深呼吸。每一次吸氣，萬物的氣息會進入你；吐氣時，氣流會經由你的雙手進入動物的臉，幫他敷熱熱的面膜。

(6) 接著，雙手往上移動到眼睛、額頭的中間（約眉心的位置），在這邊進行七至十次的深呼吸。和動物一起待在靈氣的當下，可能很放鬆，可能有點不舒服，所有的感受會來、也會走，允許發生。

(7) 送完靈氣，以五官為中心，用拇指指腹輕輕地進行按摩。順序為由內到外、由上到下，依序為額頭、眉骨、眼下、鼻子兩側畫圈按摩。如果動物願意，可以多按摩幾次。

(8) 最後，從額頭往頭頂推，按摩頭頂，搓搓耳朵尖端。

(9) 結束後，雙手離開動物，回到自己的呼吸。洗手、喝水休息。

④⑤雙手搓熱，隔空覆蓋在臉部上方，傳遞靈氣

⑦由內到外、由上至下，用拇指指腹輕輕地繞圈按摩

牙齒問題

靈氣步驟

(1) 做幾次深呼吸，調整你的呼吸速度，放慢節奏。藉由呼吸放鬆你的情緒，讓自己的呼吸深而悠長。

(2) 閉上眼靜下心，想像自己回到過去曾走訪過的大自然，寧靜地待著，感受自己的呼吸與自然界交流。

(3) 此時，你會感覺到自己與自然界連結，萬物的氣息會進入你的身體，使你的全身逐漸發熱。

(4) 當你準備好時張開眼睛。將雙手搓熱，放在動物的兩塊腮幫子上。

(5) 在這邊進行七至十次的深呼吸。每一次吸氣，萬物的氣息會進入你；吐氣時，氣流會經由你的雙手進入動物的下巴、牙齒及牙齦。

(6) 接著，雙手往上移動到後頸處，在這個位置進行七至十次的深呼吸。和動物一起待在靈氣的當下，可能很放鬆，可能有點不舒服，所有的感受會來、也會走，允許發生。

(7) 送完靈氣，用拇指指腹畫圈按摩。先從後腦杓開始，再經過後頸，最後回到下顎。

(8) 結束後，雙手離開動物，回到自己的呼吸。洗手、喝水休息。

④⑤雙手搓熱，放在兩側的腮幫子上傳遞靈氣

⑦從後腦杓開始，用拇指指腹繞圈按摩，一路經過後頸，最後回到下顎

加速外傷癒合

靈氣步驟

(1) 做幾次深呼吸，調整你的呼吸速度，放慢節奏。藉由呼吸放鬆你的情緒，讓自己的呼吸深而悠長。

(2) 閉上眼靜下心，想像自己回到過去曾走訪過的大自然，寧靜地待著，感受自己的呼吸與自然界交流。

(3) 此時，你會感覺到自己與自然界連結，萬物的氣息會進入你的身體，使你的全身逐漸發熱。

(4) 當你準備好時張開眼睛。將雙手搓熱，在距離外傷部位三到五公分的位置，隔空傳遞靈氣。

(5) 在這邊進行七至十次的深呼吸。每一次吸氣，萬物的氣息會進入你；吐氣時，氣流會經由你的雙手進入動物身體。和動物一起待在靈氣的當下，可能很放鬆，可能有點不舒服，所有的感受會來、也會走，允許發生。

(6) 結束後，雙手離開動物，回到自己的呼吸。洗手、喝水休息。

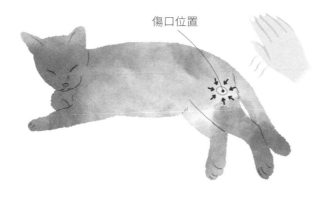

④雙手搓熱，放在傷口
上方隔空傳遞靈氣

傷口位置

術後修復

靈氣步驟

(1) 做幾次深呼吸，調整你的呼吸速度，放慢節奏。藉由呼吸放鬆你的情緒，讓自己的呼吸深而悠長。

(2) 閉上眼靜下心，想像自己回到過去曾走訪過的大自然，寧靜地待著，感受自己的呼吸與自然界交流。

(3) 此時，你會感覺到自己與自然界連結，萬物的氣息會進入你的身體，使你的全身逐漸發熱。

(4) 當你準備好時張開眼睛。將雙手搓熱，放在手術縫合處上方，隔空傳遞靈氣。

(5) 在縫合處進行三至五次的深呼吸。每一次吸氣，萬物的氣息會進入你；吐氣時，氣流會經由你的雙手進入動物身體，協助填補開刀處內部的傷口。

(6) 接著，再將雙手各往兩側移動一個手掌寬，在這邊進行七至十次的深呼吸，用靈氣啟動全身的流動與循環。和動物一起待在靈氣的當下，可能很放鬆，可能有點不舒服，所有的感受會來、也會走，允許發生。

(7) 結束後，雙手離開動物，回到自己的呼吸。洗手、喝水休息。

以母貓結紮手術為例

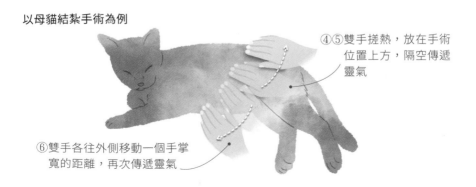

④⑤雙手搓熱，放在手術位置上方，隔空傳遞靈氣

⑥雙手各往外側移動一個手掌寬的距離，再次傳遞靈氣

脊椎骨刺問題

靈氣步驟

(1) 做幾次深呼吸，調整你的呼吸速度，放慢節奏。藉由呼吸放鬆你的情緒，讓自己的呼吸深而悠長。

(2) 閉上眼靜下心，想像自己回到過去曾走訪過的大自然，寧靜地待著，感受自己的呼吸與自然界交流。

(3) 此時，你會感覺到自己與自然界連結，萬物的氣息會進入你的身體，使你的全身逐漸發熱。

(4) 當你準備好時張開眼睛。將雙手搓熱，以慣用手輕輕放在動物的骨刺位置。

(5) 在這邊進行七至十次的深呼吸。每一次吸氣，萬物的氣息會進入你；吐氣時，氣流會經由你的手，進入動物的主要疼痛點。和動物一起待在靈氣的當下，可能很放鬆，可能有點不舒服，所有的感受會來、也會走，允許發生。

(6) 氣流的路徑會從正在發炎的地方散開，並且往外擴散，穿過一節一節的脊椎，通到頭頂和尾椎。

(7) 傳遞完畢，雙手再次搓熱，以患部為中心，往頭頂和尾椎摸過去。

(8) 用食指和拇指的指腹，如同握住動物的手或腳一般，以繞圈方式分次按摩四肢。

(9) 結束後，雙手離開動物，回到自己的呼吸。洗手、喝水休息。

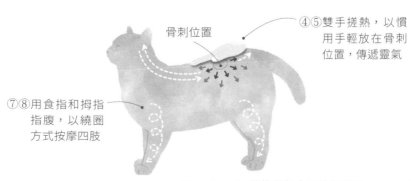

骨刺位置

④⑤雙手搓熱，以慣用手輕放在骨刺位置，傳遞靈氣

⑦⑧用食指和拇指指腹，以繞圈方式按摩四肢

下泌尿道、膀胱結晶問題

靈氣步驟

(1) 做幾次深呼吸，調整你的呼吸速度，放慢節奏。藉由呼吸放鬆你的情緒，讓自己的呼吸深而悠長。

(2) 閉上眼靜下心，想像自己回到過去曾走訪過的大自然，寧靜地待著，感受自己的呼吸與自然界交流。

(3) 此時，你會感覺到自己與自然界連結，萬物的氣息會進入你的身體，使你的全身逐漸發熱。

(4) 當你準備好時張開眼睛。將雙手搓熱，輕輕放在動物側邊下腹部的位置（動物側身較好施作）。

(5) 在這邊進行七至十次的深呼吸。每一次吸氣，萬物的氣息會進入你；吐氣時，氣流會經由你的雙手，進入動物的下泌尿道區域。

(6) 由於下泌尿道問題會有疼痛、刺痛、情緒不耐的感受，所以只需將手放在此處供給靈氣的熱能，舒緩不適。和動物一起待在靈氣的當下，可能很放鬆，可能有點不舒服，所有的感受會來、也會走，允許發生。

(7) 結束後，雙手離開動物，回到自己的呼吸。洗手、喝水休息。

④⑤雙手搓熱，輕輕放
在下腹部傳遞靈氣

胰臟炎

靈氣步驟

(1) 做幾次深呼吸，調整你的呼吸速度，放慢節奏。藉由呼吸放鬆你的情緒，讓自己的呼吸深而悠長。

(2) 閉上眼靜下心，想像自己回到過去曾走訪過的大自然，寧靜地待著，感受自己的呼吸與自然界交流。

(3) 此時，你會感覺到自己與自然界連結，萬物的氣息會進入你的身體，使你的全身逐漸發熱。

(4) 當你準備好時張開眼睛。將雙手搓熱，覆蓋在動物的上半側身。

(5) 在這邊進行七至十次的深呼吸。每一次吸氣，萬物的氣息會進入你；吐氣時，氣流會經由你的雙手放鬆動物的臟器。和動物一起待在靈氣的當下，可能很放鬆，可能有點不舒服，所有的感受會來、也會走，允許發生。

(6) 想像氣流從動物臟器出發，流動到身體各處，多餘的廢氣則從肛門排出。

(7) 結束後，雙手離開動物，回到自己的呼吸。洗手、喝水休息。

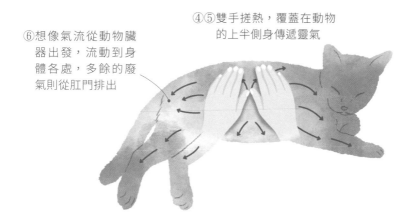

⑥想像氣流從動物臟器出發，流動到身體各處，多餘的廢氣則從肛門排出

④⑤雙手搓熱，覆蓋在動物的上半側身傳遞靈氣

慢性腎衰竭

靈氣步驟

(1) 做幾次深呼吸，調整你的呼吸速度，放慢節奏。藉由呼吸放鬆你的情緒，讓自己的呼吸深而悠長。

(2) 閉上眼靜下心，想像自己回到過去曾走訪過的大自然，寧靜地待著，感受自己的呼吸與自然界交流。

(3) 此時，你會感覺到自己與自然界連結，萬物的氣息會進入你的身體，使你的全身逐漸發熱。

(4) 當你準備好時張開眼睛。將雙手搓熱，覆蓋在動物的身體中段。

(5) 在這邊進行七至十次的深呼吸。每一次吸氣，萬物的氣息會進入你；吐氣時，氣流會經由你的雙手補氣給動物。和動物一起待在靈氣的當下，可能很放鬆，可能有點不舒服，所有的感受會來、也會走，允許發生。

(6) 以慣用手覆蓋在動物額頭，另一手仍放在原處，一樣進行七至十次的深呼吸，為頭部補氣，涵養精神。

(7) 結束後，雙手離開動物，回到自己的呼吸。洗手、喝水休息。

⑥以慣用手覆蓋額頭傳遞靈氣，為頭部補氣

④⑤雙手搓熱，覆蓋在身體中段傳遞靈氣

心臟問題

靈氣步驟

(1) 做幾次深呼吸，調整你的呼吸速度，放慢節奏。藉由呼吸放鬆你的情緒，讓自己的呼吸深而悠長。

(2) 閉上眼靜下心，想像自己回到過去曾走訪過的大自然，寧靜地待著，感受自己的呼吸與自然界交流。

(3) 此時，你會感覺到自己與自然界連結，萬物的氣息會進入你的身體，使你的全身逐漸發熱。

(4) 當你準備好時張開眼睛。將雙手搓熱，覆蓋在動物的上背部，進行七至十次的深呼吸，接著雙手再移動到前胸位置。

(5) 每一次吸氣，萬物的氣息會進入你；吐氣時，氣流會經由你的雙手打開動物胸腔的空間。和動物一起待在靈氣的當下，可能很放鬆，可能有點不舒服，所有的感受會來、也會走，允許發生。

(6) 接著，用拇指脂腹以畫圈的方式，從前胸開始按摩，直到前肢腋下。

(7) 結束後，雙手離開動物，回到自己的呼吸。洗手、喝水休息。

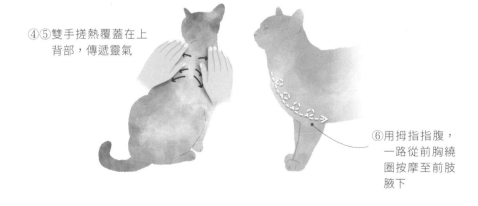

④⑤雙手搓熱覆蓋在上
　背部，傳遞靈氣

⑥用拇指指腹，
　一路從前胸繞
　圈按摩至前肢
　腋下

腫瘤

靈氣步驟

(1) 做幾次深呼吸，調整你的呼吸速度，放慢節奏。藉由呼吸放鬆你的情緒，讓自己的呼吸深而悠長。

(2) 閉上眼靜下心，想像自己回到過去曾走訪過的大自然，寧靜地待著，感受自己的呼吸與自然界交流。

(3) 此時，你會感覺到自己與自然界連結，萬物的氣息會進入你的身體，使你的全身逐漸發熱。

(4) 當你準備好時張開眼睛。將雙手搓熱，放在腫瘤位置（若腫瘤在皮膚表面，請隔空）。

(5) 在這邊進行七至十次的深呼吸。每一次吸氣，萬物的氣息會進入你；吐氣時，氣流會經由你的雙手包覆動物的整個腫瘤，給予腫瘤溫和的能量，鬆動腫瘤細胞的疆界。

(6) 想像氣流以順時針方向轉動，讓腫瘤外圍滯留的能量重新流動起來。

(7) 和動物一起待在靈氣的當下，可能很放鬆，可能有點不舒服，所有的感受會來、也會走，允許發生。

(8) 結束後，雙手離開動物，回到自己的呼吸。洗手、喝水休息。

④⑤雙手搓熱，放在腫瘤位置傳遞靈氣

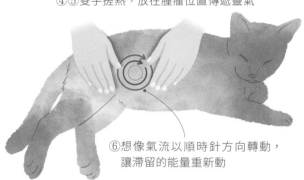

⑥想像氣流以順時針方向轉動，
讓滯留的能量重新動

癲癇

靈氣步驟

(1) 做幾次深呼吸，調整你的呼吸速度，放慢節奏。藉由呼吸放鬆你的情緒，讓自己的呼吸深而悠長。

(2) 閉上眼靜下心，想像自己回到過去曾走訪過的大自然，寧靜地待著，感受自己的呼吸與自然界交流。

(3) 此時，你會感覺到自己與自然界連結，萬物的氣息會進入你的身體，使你的全身逐漸發熱。

(4) 當你準備好時張開眼睛。將雙手搓熱，放在動物頭頂傳遞靈氣。

(5) 在這邊進行七至十次的深呼吸。每一次吸氣，萬物的氣息會進入你；吐氣時，氣流會經由你的雙手進入動物頭頂，鬆開腦部的壓力。

(6) 接著，一手放頭頂、一手放在眼睛，舒緩眼、腦，在這個位置進行七至十次的深呼吸。和動物一起待在靈氣的當下，可能很放鬆，可能有點不舒服，所有的感受會來、也會走，允許發生。

(7) 從頭頂沿著每節椎骨，用指腹持續畫圈按摩，直至尾椎處。

(8) 結束後，雙手離開動物，回到自己的呼吸。洗手、喝水休息。

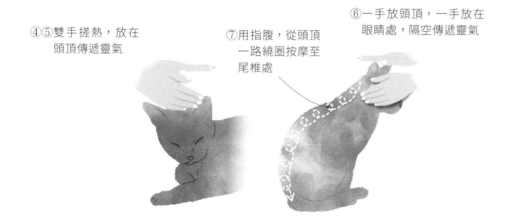

④⑤雙手搓熱，放在頭頂傳遞靈氣

⑦用指腹，從頭頂一路繞圈按摩至尾椎處

⑥一手放頭頂，一手放在眼睛處，隔空傳遞靈氣

Chapter 5

犬貓的脈輪系統

脈輪系統

「脈輪」源於印度經典《吠陀經》，其梵文原意是「轉動的輪子」，指的是身體的能量聚集點。

最早在古印度系統裡認為，每個人體內都有大大小小轉動著的輪子（也就是脈輪）遍布全身。能量會經由輪子的轉動，暢通全身的循環。**其中最主要的七個脈輪能量中心，分別是海底輪、臍輪、太陽神經叢、心輪、喉輪、眉心輪、頂輪。**每個脈輪都有其對應的身體部位、情緒、心理狀態、生命議題。

就像是一條公路，七個脈輪分布在身體中軸的七個站點，能量如果滯留，將會阻塞影響下一段路程，彼此交互影響。脈輪能量無論是過於旺盛、淤積或薄弱，都是一種失衡。最重要的是全身平衡、暢通。

動物脈輪

脈輪系統的建立與身體結構密不可分，目前唯有哺乳類動物和人類脈輪的類別最為接近，其他物種則需要足夠的樣本數，再做系統化的歸納。

我整理過往靈氣療癒的實務經驗，分享脈輪系統擺放在動物身上可能產生的樣貌，從疾病往內看向情緒感受、從行為議題了解內心需求；抑或是反過來，從動物的習慣情緒表達，提醒該注意的身體部位。希望利用這套系統認識動物的另一層面向，將外在和內在的身心加以對照，讓家長更了解自己毛孩的狀態。

目前我靈氣過的動物與彙整的資料，仍以伴侶動物居多，所以此套系統僅適用於哺乳類的伴侶動物，例如犬、貓、兔、蜜袋鼯等等。

脈輪狀態

　　脈輪系統顯示出每個能量中心的狀態。哪些地方比較強、哪些地方相對弱；同一副身體可能會出現某些脈輪很旺盛地在旋轉、流動，某些脈輪則宛如生鏽的輪子運轉不順，都會有能量上的對比。然而，能量隨時隨地都在改變，狀態也是。我們解讀脈輪的訊息時，首先必須知道，這代表目前的狀態，而非永久。脈輪系統只是讓你更了解目前自己的狀態，好做為調整的依據。脈輪的強弱也不是重點，平衡才是目標。

　　脈輪是轉動的輪子。輪子或許會轉得慢、卡住時需要上點油，但還是持續轉動著。身體的能量會持續流動，直到生命停止的那天為止。

　　脈輪不僅可用於身體訊息的判斷，還能從肉體狀況窺探內在是否需要更多的關照。所以，家長也可以透過脈輪的分類，觀察動物小孩的行為是否存在內在議題。

　　對我來說，脈輪系統的分析像是教戰手冊。儘管我們無法回到毛孩出生的時刻，但可以透過現在的行為了解他們的個性，進而找到與他們相處的模式。

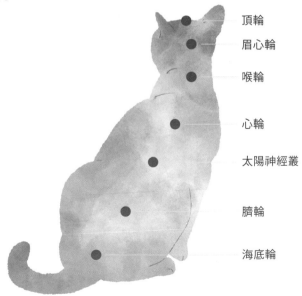

頂輪

眉心輪

喉輪

心輪

太陽神經叢

臍輪

海底輪

海底輪

關鍵字：根、求生本能、生存慾望、肉體的活力、繁殖、家

海底輪，第一個脈輪，具有生長、生命的根源之意涵。

第一個要談的動物脈輪，是與生存本能息息相關的海底輪。

在野外，動物需要時刻保持對環境的警覺和敏感，以確保自己的生存和安全。雖然伴侶動物不需要在外競爭、狩獵以獲得資源與地盤，但是穩定的海底輪的確能帶給動物安全感。

把海底輪想像成壁爐裡的火焰，它燃燒薪柴支持整個肉體，提供活力來源。除了要活下來、也要活得好，這就要滿足動物基本的生理需求，包括：吃得飽、身體健康、有安穩休息的處所（安全感）。當基本條件被滿足，心理層面也會跟著安定下來。

另外，海底輪也與歸屬感有關。對於伴侶動物而言，歸屬感很大一部分來自於家和家人。伴侶動物內在是否認同自己也是這個家的成員？在這個家裡，我需不需要擔心資源被搶奪或侵佔、我在這個家裡有屬於自己的地盤嗎，以上皆和海底輪相對應。

海底輪位置：犬貓的尾椎和尾巴交接處。

對應部位：骨骼、脊柱、四肢、皮膚、血液、肌肉、肛門、免疫系統。

失衡的情緒影響：恐懼、易怒、缺乏耐心。

從外在徵狀觀察動物海底輪需要調整：懶散不喜歡動、對環境產生不安全感、容易警戒、易夾尾逃跑、活力下降。

有以下疾病適合療癒海底輪：關節炎、惡性腫瘤、免疫功能下降、便秘、肛門腺破裂、動物大病初癒，以上都可療癒海底輪來提升肉體機能。

海底輪內在議題

● 佔領地盤

佔領地盤有兩種方式，一種是打架贏來的。人類世界大航海時代開啟的殖民主義，都是用戰爭取得領土，所以二戰前建立的國家，國家旗幟幾乎都有紅色元素，與海底輪的代表色紅色不謀而合；而在動物的世界裡，我們也時常看到浪貓浪狗為了爭奪地盤而激烈打鬥。另一種佔領地盤的方式，是用味道擴張自己的領地，常見於家中的動物小孩。亂尿、亂抓都是為了留下味道，好告訴其他動物：「這塊地盤是我的。」此外，海底輪薄弱的動物對環境的警戒，會刺激賀爾蒙散發更濃的體味，好為自己增加安全感。

● 護食

對動物來說，食物也屬於領地的類型之一，因為沒有食物便無法存活。有護食行為的動物，很可能從來沒有吃飽的經驗，或是時常要跟同伴搶食。他們時常有飢餓的感覺，即便後來的生活改善、食物來源充足，他們仍習慣保護食物，害怕食物被奪走，所以會快速地完食。我們也會察覺，長期缺乏飽足感的動物容易不耐煩，性格躁動。

● 胎內記憶

海底輪和根源的連結有關，幼崽根源最早可以追溯到母體，因為胎兒是藉由媽媽獲得營養。

媽媽在孕期是否不會被追趕、有無吃飽、能否安穩在外休息等因素，皆會影響腹中寶寶。跟人類不同的地方在於，動物的「胎教」多是優先滿足生理需求。動物媽媽吃飽喝足順利產下的動物小孩，比起沒辦法安胎養胎的動物媽媽所生下的小孩，對環境的適應力會強上很多。

● 遺棄

　　被動物媽媽遺棄和人類遺棄，都屬於非自願離開原生家庭，被迫斷掉根源。動物首先會面臨生存危機，再來則是內心層面的問題。被遺棄產生「我不被需要」、「我一點都不重要」的感受，都在否定動物本身的存在。

　　被遺棄的傷害會帶到下一段家庭關係，失去根支持的孤立感，會使動物較難信任新的家庭成員、建立親密關係。動物可能會出現害怕再度被遺棄的恐懼，有過度討好的傾向。

● 無意識暴力

　　無意識暴力指的是，伴侶動物偶發性的攻擊，攻擊力度導致家人、同伴受傷流血。

　　從古至今，人類馴化具備社會性行為的動物作為交通工具，經過長時間的馴養，而有了現在的伴侶動物。生存安全感足夠的伴侶動物，不會平白無故產生攻擊行為；但是對於資源被剝奪較為敏感，或生命受到威脅的動物，可能會藉由攻擊來嚇阻對方、保護自己。

臍輪

關鍵字：親密連結、創傷經驗、陰影、渴望

　　臍帶是哺乳類在生理上連接媽媽的線，這條線連接媽媽的胎盤，從母體得到營養而長大。胎兒出生後，臍帶就會脫落，雖然物理上不會再看見這條線，但並不代表與母親的連結就此中斷。事實上，我們在胚胎時期因為臍帶與母體相連，而和媽媽產生強烈且親密的連結，即使沒了臍帶，我們仍維持這樣的親密連結。所有的新生兒都必須仰賴媽媽的哺

乳長大，直到斷奶。從與媽媽的關係中，我們獲得物質上的營養，心理上的親密連結則滋養我們的情感需求，協助我們在關係中建立親密感。

照顧者如何回應動物小孩的情緒，對動物的影響極其重要。如果動物小孩在表達自己的情緒時，照顧者卻加以責備、訓斥，動物將不容易對關係產生信任感。當動物小孩的情緒感受得到照顧者支持、包容、理解，動物的情緒相對會穩定許多。

> 臍輪位置：下腹部、下背部。
>
> 對應部位：腎臟、大小腸、膀胱、泌尿系統、生殖系統。
>
> 失衡的情緒影響：焦慮、焦躁、嫉妒、佔有慾過強、自我厭惡。
>
> 從外在徵狀觀察動物臍輪需要調整：分離焦慮、刻意搗蛋想討關注、爭寵吃醋、黏人。
>
> 有以下疾病適合療癒臍輪：腸炎、子宮蓄膿、腎衰竭、腎臟及泌尿系統相關疾病。

臍輪內在議題

● 難以戒斷行為

人類對行為有好壞之分，晚睡晚起是壞習慣、邊走路邊吃東西也是壞習慣。而動物判斷行為好壞的標準，來自於他們在做了某件事之後，所觀察到人類的反應。當人類反應的情緒波動漲幅很大，動物便解讀為：「我做這件事他有反應，有效！」但情緒高漲並不代表人類喜歡，憤怒也可以是情緒的高漲。

動物對行為的依附關係來自於照顧者的反應，以得到情感上的連結。

● 過度理毛

焦慮是臍輪的情緒議題之一。談到焦慮，不得不提「過度理毛」，

很多家長遇上動物過度理毛時，經常會先聯想到與焦慮有關。不過，犬貓心因性的過度舔毛必須先排除身體因素，例如是否有食物過敏、季節轉換導致皮膚不適等。這幾年也有越來越多的臨床案例顯示，犬貓的皮膚過敏、免疫系統異常所造成皮膚發癢紅腫的比例，比我們想像中高很多。

人類會以為動物的行為是情緒導向，但回到海底輪來看，動物的本能強、非常仰賴身體的本能反應，因此會將肉體的舒適擺在第一位。當肉體舒適感降低，焦躁、不耐的情緒就會冒出來！當動物有過度理毛的狀況，除了焦慮的因素，建議先看醫生做檢查，釐清原因。

● 情緒勒索

動物會對我情緒勒索嗎？會！如果要賦予臍輪一個動詞，我認為是「關注」——透過關注，而獲得陪伴。綜合前面的兩個議題：難以戒斷的行為、亂尿尿、異食癖、過度理毛……等，都是伴侶動物常見的情勒模式。

這個模式產生的循環，就是當動物這麼做的當下，我們開始對他的某個行為過份在意並投以關注。例如：叫正在理毛的不要舔，但有可能他只是剛好覺得癢而已，理一理身體會感到舒服；但在這時，人類擔心他脫毛的警鈴就響了。動物的腳才剛舉起來要理毛，我們就看向他，叫他不要舔。從動物的角度學習到的是：「只要舔舔，就會有人看我。」所以當他想要有人陪伴、想要吸引人注意，他就會理毛。同理，亂尿和異食癖也是。

另一個情緒勒索的經典手段就是零食。大家都知道零食就是 Happy Time，人類和動物都喜歡從食物中獲取某種情緒感受，因此，給動物餵零食的時機變得非常重要。你的動物在討零食，真的是想吃嗎？還是希望你停下手邊工作，專心陪伴他呢？以上取決於你餵零食的習慣與動機。假設你的動物想要陪伴，你卻用零食轉移他的注意力，動物得不到

他想要的心理滿足，卻剛好有零食可以吃，長時間下來，動物小孩養成情緒勒索要求餵零食的習慣，也是你自己造成的喔。

太陽神經叢

關鍵字：自我、認同、家中定位

太陽神經叢是一個經由群體折射自己樣貌的脈輪，發展期差不多在離乳之後。這個階段，小孩有更長的時間跟同伴相處，除了動物本人和主要人類照顧者外（先不談論動物媽媽），他的視角會把第三方也納入，也就是跟同伴的相處議題。因為有第三方出現，自我的議題會更加突顯。

在群體中，你擔任什麼樣的角色？延伸至伴侶動物的生活，我在家中的地位、階級，我如何定位自己在家裡的角色？多毛孩的家庭容易遇到這樣的處境，因為同伴多，彼此在相處中慢慢長出自我意識，性格也跟著塑型。

動物跟動物之間的相處出現問題，卻是由人類跳出來當仲裁者，過度介入，諸如懲處、責備、比較，對動物小孩來說都是一種否定，感到不被認同。長期下來，動物小孩可能會形成以下兩種極端：在生活中打壓其他動物以證明自己的能力，或是乾脆選擇委屈容忍。

太陽神經叢位置：身體軀幹正中央。

對應部位：肝、膽、脾、胃、胰臟、消化系統。

失衡的情緒影響：固執、暴怒、控制慾強、容易不耐煩、沒自信或自傲。

從外在徵狀觀察動物太陽神經叢需要調整：吃太快、常吐出

未消化的食物、喜歡追打同伴。

有以下疾病適合療癒太陽神經叢：糖尿病、胰臟炎、潰瘍、
胃脹氣、胃食道逆流。

太陽神經叢內在議題

● 暴食

典型的太陽神經叢議題，和食物、進食有關。動物想要藉由進食讓
自己的身體變大、變強壯，以具體炫耀自身的能力強。因此這樣的動物
小孩食量通常會很大，而且進食速度快，但因為身體無法吸收，所以會
一口氣把未經消化的食物吐出來。

● 想當老大、最厲害的

我們很常聽到動物想爭奪老大的地位。家中的伴侶動物想要成為權
威角色，未必是想擁有權力、要求其他成員服從。權威角色帶來強烈的
自我認同，包括「我的行為會被其他人接受並且認同」、「我享受這樣
的自己被歡迎、被接納」，才是動物爭奪地位的心理層面主因。若是每
個家族成員都有自己的定位，「老大」就只是家中的一個角色，並不見
得具備權威性。所以，為動物小孩找到家中的定位很重要。

● 忍受欺負不反擊

感覺自己的立場不被認同，感受不到自己的價值。相較於想成為最
厲害的英雄主義，默默忍受、不反擊的動物雖較為少見，但仍是有的。
不過這樣的動物，很可能在過去的生活經驗裡時常被當作弱者，或是從
小體弱有被人類嫌棄、不被認可的經驗。

心輪

關鍵字：愛、心情、關係

「心輪」顧名思義，在心上的輪子，是一個相對感性的脈輪。海底輪是家庭關係、臍輪是親密關係、太陽神經叢是夥伴關係，心輪則是跟所有對象的情感關係，透過互動與他者建立關係以產生愛的交流，享受愛與被愛的感覺。心輪也是心情的源頭，動物優先療癒心輪準沒錯，放鬆心情，讓他們願意接納我們，對我們更能敞開心房。

心輪能量較不活躍的動物，性格謹慎且不輕易信任他人，防禦機制強。這類型的動物，心輪往往受過傷，而且大多皆是人為因素，例如遺棄、虐待、不當對待等。因為害怕再次受傷，所以畏懼新關係的建立。

心輪位置：前胸、上背部。

對應部位：心臟、肺臟、前肢、感冒、支氣管、呼吸系統。

失衡的情緒影響：寂寞、孤僻、呆滯、哀傷、過度熱情、防備心重。

從外在徵狀觀察動物心輪需要調整：社交性低難以融入群體、會撲追其他動物、容易受到驚嚇。

有以下疾病適合療癒心輪：氣喘、氣管塌陷、心臟病、肺水腫、高血壓。

心輪內在議題

● 有長時間關籠、獨處的經驗

　　犬貓若長時間關籠，沒有機會和其他同伴、人類一起生活學習社交技巧，容易社會化不足，遇上新同伴便會掌握不到相處的界線而過度熱情。狗在這方面的常見行為是撲人、追著同伴的肛門嗅聞；貓咪則可能有難以親近、不易與人建立關係的情況。

● 食量大卻體型瘦弱

　　心輪是向外界接收、交流的地方，當心輪因過去經驗而封閉不願開放，身體連帶會受到影響，即使胃口好，身體也難以吸收營養。

喉輪

關鍵字：行為及情感需求的表達、輸出、溝通、傾聽

　　喉輪，屬於功能性的脈輪，這個地方協助我們把內心的感受說出來讓別人知道，也把腦袋裡的想法表達給對方了解。

　　喉輪是動物最難被人類覺察需要關照的脈輪，因為大部分的動物雖然會叫，但是我們聽不懂、不了解他要表達的意思，於是只好透過觀察行為來猜測動物想傳遞的事。可是，當你心裡有事說不出來，其實你是有情緒的，當情緒感受沒有被輸出，積壓在心中成為一個結，因此動物之中很常遇到所謂的心結卡在喉嚨的狀況，所以喉輪的議題比較常跟壓抑相關。

> 喉輪位置：頸部。
> 對應部位：口腔、氣管、甲狀腺、聲帶、喉嚨、支氣管、感冒。

失衡的情緒影響：害羞、壓抑、怕被拒絕。

從外在徵狀觀察動物喉輪需要調整：犬貓從來不吠叫、過度討好。

有以下疾病適合療癒喉輪：口炎、齒吸收、氣管問題、聽覺問題、甲狀腺疾病。

喉輪內在議題

● 表達時需要用其他行為代替

當動物認為他講的話、他發出的聲音沒有得到回應，用吠叫表達無效時，可能會採取其他行為做為表達心情的方式，例如：亂尿尿、舔毛、咬人、咆哮等。

● 個性安靜、聽話的動物

性格聽話、擅長討好的動物，也可能遇上喉輪表達不流暢的議題，因為他們習慣聽從人類的指令、做人類認為「好」的行為，專注在回應人類的期待上，於是會把自己的聲音與意見積壓在心底。

眉心輪

關鍵字：動物性直覺、記憶、創傷症候群

眉心輪像一個硬碟，儲存了今生所有的記憶，包括創傷留下的陰影記憶，導致動物一直受困於情緒之中，甚至會因此吠叫攻擊，一直活在過去的記憶中。因為記憶不會自動消失，只是暫時想不起來而已。另外，眉心輪連接的器官包括耳朵、眼睛、鼻子，都是動物最為敏感的器官。在野外，動物會仰賴聽覺、嗅覺、視覺與同伴聯繫、躲避危險、

狩獵，家中的伴侶動物雖不需要追捕狩獵，香噴噴的食物就自動擺好盤等著他們享用，但這仍然是他們判斷環境很重要的訊息來源。

　　若要我選，我認為動物最重要的脈輪有掌管生存慾望的海底輪、匯集心情感受的心輪，和仰賴嗅聞以判斷危險的眉心輪。

> 眉心輪位置：前額、後腦杓。
>
> 對應部位：眼睛、耳朵、鼻子、下視丘、內分泌系統。
>
> 失衡的情緒影響：抑鬱、莫名恐慌、對未知容易驚慌失措。
>
> 從外在徵狀觀察動物眉心輪需要調整：眼壓高、眼耳鼻分泌物增多、容易睡不好。
>
> 有以下疾病適合療癒眉心輪：結膜炎、角膜炎、白內障、皰疹病毒、注意力不集中、賀爾蒙失調相關病症、鼻塞。

眉心輪內在議題

● 淺眠或惡夢

　　很多人都以為家裡的動物一天到晚都在睡覺，他們一定都睡得很飽。嗨～各位人類朋友們，請想想自己每天睡覺起床時，都會覺得神清氣爽嗎？大家都有過越睡越累的經驗吧，動物也是如此。睡覺跟休息是兩件事，我們看到動物一直在睡覺，並不代表他們能從睡眠中得到充分的休息。人類可以透過觀察動物的睡姿是否放鬆，來推測其睡眠品質：若是睡覺姿勢較為警戒，細微的聲響、移動就會把他吵醒，那他很可能並沒有進入休息狀態，或這陣子的睡眠品質不佳、做夢較為頻繁。

● 對過往記憶感到驚嚇

　　眉心輪跟臍輪都有提到創傷經驗和創傷記憶。臍輪的創傷經驗指的是在動物心中已經過去，不過他仍然知道自己受過傷，有創傷的疤痕。眉心輪的議題則是動物情緒反應仍激烈，看到某個物品可能會再度誘發

其記憶，動物會攻擊物品或者現場的人、哀嚎、怕到躲起來，有立即性的反應。例如：曾經被拖把打過的狗，只要看到長長的桿子便會克制不住的吠叫。

頂輪

關鍵字：靈魂、生死

我們經常會說動物很有靈性。但靈性究竟是什麼？是一種開悟成道、思想的覺醒？或是成為一位神通？追求靈性可以是很精神性的寄託，但靈魂需要身體才能完整的活在這個世界啊！靈性所意味的並不是當個通靈高手，而是照顧好生活所需、踩穩在土地上的步伐。

以上，對於生物本能強的動物來說，並不是什麼大議題。他們從來不嚮往所謂的靈性生活，因為自己本來就是了啊，何必追求？動物總是如此這般地提醒著我。

> 頂輪位置：頭頂。
>
> 對應部位：腦、皮膚、神經系統。
>
> 失衡的情緒影響：精神無法集中、迷惘、孤立、疏離、無聊。
>
> 從外在徵狀觀察頂輪需要調整：持續性地走動吠叫、無法停下來休息。
>
> 有以下疾病適合療癒頂輪：腦部退化、認知障礙、癲癇、失智。

頂輪內在議題

● 對生命失去熱情

第一種是情緒上的，包括：太久沒有被好好陪伴、新成員來到家裡

感覺失寵、覺得生活無聊無趣而對所有事情失去動力、吃零食和散步時不像過去那般熱情……等。第二種是病中放棄求生。靈魂決定生死，即肉體的去留，久病動物對醫療感到疲乏，也容易有頂輪悶脹的狀況。能量悶脹在頭頂，反而無法得到適當的休息。

● **下面脈輪不平衡，頂輪肯定不平衡**

　　頂輪，在人類世界認知為最高意識、具有靈性象徵的脈輪。人們的靈性開悟，頂輪就會被開啟，從頂輪連結與全部的存有合一。對於依靠生存本能而活著的動物們來說，頂輪是聖誕樹上方的那顆星星，本就閃耀著；重要的是先照料肉體所需，得到充足的食物和愛的滋潤，頂輪自然穩定。

犬貓脈輪的黃金發展期

脈輪是相互牽動的，因為各個脈輪的發展期都是重疊的，所以這裡指的是黃金發展期的時間點，待發展期結束後，後天的性格也會慢慢被形塑出來。每個小孩因成長背景的差異，脈輪發展也會有方有圓，**我們不是要去改變它的形狀，而是順著形狀去了解自己的小孩，方能在日常生活中應對平衡。**

脈輪	時間	發展重點
海底輪	母胎～1個月	孕期的動物媽媽是否健康、平安，能否適應生存壓力，都會間接影響小寶寶的性格。 出生後，媽媽有安穩的環境照顧小孩，並隨時哺乳免於過長時間的饑餓，能強化幼崽對生存的安全感。
臍輪	3週～3個月	因準備離乳，離開媽媽的時間變長，是向外探索的時機。此時的學習能力強，若遇上挫折經驗，請鼓勵他們。 開始辨別什麼東西是危險的，是認知恐懼的時間，也是親訓、建立與動物親密關係的絕佳時間點。
太陽神經叢	2個月～2歲（至多）	太陽神經叢的發展從正式離乳轉換食物開始。這階段的幼崽開始嘗試不同的食物，食物的喜好也大致定型。太陽神經叢的發展如同進入青春期，是展現自我力量、形塑個性的階段，會透過挑戰同伴或人類的行為，定位自己在家庭中的角色。 過度管束會加強他們對權威的抗拒。
心輪	3～6個月	約莫2～3週即有同伴關係意識，開始練習社交、學習社會化。 貓雖然不是社會性動物，但也需在環境中學習社交技巧，不建議這段期間關籠或長時間獨處。

脈輪	時間	發展重點
喉輪	2歲 （有意識 的發展）	犬貓會透過吠叫引起人類注意，獲得身心需求，例如：吃飯、陪玩。不叫的犬貓，我不認為是好事，尤其是狗，因為未被滿足的需求會轉移，而不會消失。 除了生理需求，也開始練習有意識的表達與溝通。
眉心輪	1週後～ 5週左右 （開眼、 長耳朵）	辨識氣味對犬貓來說，是生存的保護機制。在幼崽期間，氣味帶來的背景事件對他們來說很重要；也就是說，幼崽會根據自己過往的記憶，來判斷環境是否有危險。 眉心輪連帶掌管內分泌系統及產生身體激素。
頂輪	母胎～ 生產日	犬貓是多胎生，並非所有的胚胎都能順利出生。頂輪關於生死，有天擇的選項，因此頂輪首先會碰到孩子有無意願成為生命體的議題。 此外，動物媽媽懷孕時的狀態、食物營養、生活環境也會影響胚胎發育，直至生產。 頂輪也有可能與遺傳性疾病有關。

靈氣的脈輪療癒

除了第三章實作單元中提到，我們可以將雙手擺放在動物身上各處，靈氣當然也可以做脈輪療癒。最簡單的方式，就是把手放在動物身上對應脈輪的七個位置來靈氣即可，對應位置請參考下圖及表格說明。

脈輪	代表顏色	位置
海底輪	紅色	尾椎和尾巴交接處
臍輪	橙色	下背部、下腹部
太陽神經叢	黃色	身體主軀幹（不含尾巴）的正中央
心輪	綠色	前胸、上背部
喉輪	藍色	頸部
眉心輪	靛色	後腦杓、前額
頂輪	紫色	頭頂

以下所介紹的脈輪靈氣手位，是當動物熟悉觸摸且習慣靈氣之後的加強版，一共有三種模式，各有不同的療癒功能。家長可以依家中伴侶動物的狀況，來選擇要採用哪一種。

請特別記住：你的目的是讓動物享受這份力氣並且能夠更加放鬆。既然是加強版，更要輕輕鬆鬆地做，力道才不會過猛！

脈輪轉圈圈術

適用時機：促進循環的平日保養

靈氣步驟：

1. 先選擇本次要靈氣的主要脈輪。

   除了療癒主脈輪，稍後會再靈氣與其相鄰的兩個脈輪，一共三處。

2. 調整自己的呼吸，並透過呼吸校準自己的心念，和宇宙萬物連結。

3. 將慣用手的手掌放在該部位，等手開始發熱，用掌心逆時針慢慢地
   畫圈，接著再順時針轉回來。

   逆時針轉可將滯留的能量旋出體外（清理脈輪），再改成順時針轉，
   將脈輪引導至順向流動。圈數可以自己設定，但順時針的圈數一定
   要比逆時針的多。

4. 第一個主要脈輪完成後，接著為主要脈輪的相鄰脈輪進行靈氣。

   假設你選的是心輪，喉輪跟太陽神經叢也要靈氣轉圈，這樣不會只
   補充單點，流動會更平衡。

重點提醒：

1. 靈氣時請使用掌心的位置。

2. 完成主要脈輪的靈氣後，其
   餘兩個相鄰的脈輪不需按照
   順序靈氣。

3. 過程中要輕輕、緩慢地用掌
   心繞圈，因為動作太急容易
   嚇到動物。

以心輪為療癒的主要脈輪為例，完成
後請與心輪相鄰的喉輪和太陽神經叢
施作靈氣。若選擇其他主要脈輪進行
療癒時，均採相同原則。

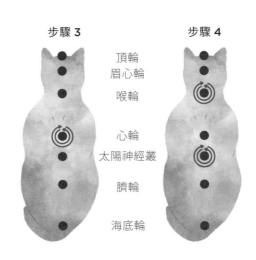

步驟 3　　　　　　　步驟 4

頂輪
眉心輪
喉輪

心輪
太陽神經叢

臍輪

海底輪

脈輪紓壓術

適用時機：動物出現眼睛分泌物過多、睡眠品質不佳、易嚎叫、焦慮地來回走動、便祕

靈氣步驟：

1. 給自己幾個深呼吸，一邊呼吸一邊讓自己平靜下來。如果需要，可以想像自己正身處於最喜歡的大自然場域裡。

2. 先用指腹按摩動物的頭頂，感覺頭頂的皮膚鬆開了，再把整個手掌覆蓋住頭頂（頂輪）。換下一個脈輪時，也是用指腹一邊按摩、一邊移動到後腦杓（眉心輪），再把手掌覆蓋上去。以相同方法一路做到尾椎（海底輪）。

用指腹畫圈按摩時，請保持以花型進行

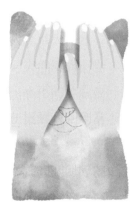

頂輪
眉心輪
喉輪

心輪
太陽神經叢
臍輪

海底輪

重點提醒：

如果你的動物有關節問題或是某些地雷區不想被碰觸，請你跳過按摩，讓自己的手隔空，在距離動物皮膚約三到五公分的位置施作靈氣即可。

脈輪補元氣術

適用時機：提振精神、大病初癒時的保養、增強免疫力

靈氣步驟：

1. 調整自己的呼吸，等待自己平靜下來。

2. 把雙手放在動物的海底輪（尾椎處），再移動左手來到臍輪（下腹部），這時候你的右手在海底輪，左手在臍輪（下腹部）。

3. 接著把你的右手移動到臍輪（下腹部），左手離開臍輪並移動到太陽神經叢（軀幹中央）。遵循這個原則，一直施作到頭頂（頂輪）的位置為止。

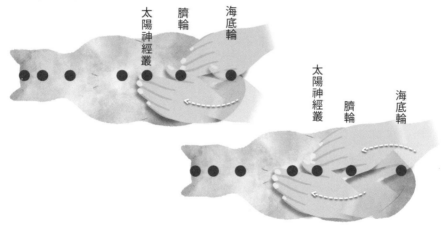

重點提醒：

1. 本處示範是以慣用右手者（右撇子）為例，若是慣用左手者，施作時請記得將文中的左右手對調。

2. 動物有各種姿勢，難免會遇到不知手該放在哪裡的時候。無論是趴姿、側躺、坐姿，記得脈輪的原則是 3D 能量場，找到相對位置即可。

3. 犬貓以外的特殊伴侶動物身形較小時，可改用指腹操作。

4. 靈氣時，呼吸很重要。請你好好呼吸，腦袋放空，不想過去、未來，不想瑣碎的雜事，好好待在當下。

總結

脈輪是了解動物小孩狀態的方式之一，並非絕對。身體仍是一個整體，脈輪能量中心互相影響，且隨時隨地都在變化。

身心對照的區分法有時候會被誤解：「一定是因為我的貓喜歡當老大才常常生氣，所以他才會得胰臟炎。」不不不！脈輪並不是這樣用的。

生病的原因很複雜，不一定是某個特定因素導致疾病。從事件中挖掘我們漏看的角度，再一次對自己的動物小孩有更深的認識，才是脈輪要幫助我們的面向。越熟悉的對象，越容易在相處上有盲點，自己的媽媽都不見得很了解了，更何況是動物小孩？

另外，我私心希望大家不要因為動物脈輪而刻意挑選動物小孩，例如想挑一個最健康、脈輪最平衡的，又或是對於錯過動物脈輪的黃金發展期感到扼腕。每個動物小孩來到我們身邊，都帶著送給人類的禮物和功課，必須彼此互相學習，而成長的一點一滴，都是相愛過程中珍貴的記憶。

關於脈輪的重點提醒

- 脈輪的作用牽一髮動全身，不會只影響單一部位，因此：當 A 脈輪有狀況，不僅對 A 部分造成影響，也可能涉及上下相鄰的脈輪，需要整體調整。

- 脈輪系統的狀態會不斷變化。生活中的各種因素，例如飲食過度、睡眠不足等，都可能對脈輪造成起伏影響。因此，脈輪分析只是其中之一，並非絕對準確的工具。

- 強調著重在平衡，而非單一脈輪的強度。若某一脈輪過於強勢，也將導致不平衡的情況出現。

Chapter 6

動物靈氣療癒
✦身體篇✦

和生病做朋友

本章要分享的案例，都是較為複雜的病症。也因為這些動物個案，我一直在思考，在身體這麼辛苦的情況下，要如何回應對身體的感受，要跟身體建立怎樣的關係？

每個人都有過生病的經驗，那種全身無力、無法控制自己身體、因疼痛輾轉難眠、反胃吃不下東西，都讓人覺得難受。面對疾病，我們往往會有很多抗拒，以及想要趕快將其排出體外的想法，希望那些病痛能夠離開，還原我們正常的身體。

自從學習靈氣之後，我一直都有個習慣：當我感覺不舒服時，就會把手放在身上為自己靈氣。這時的我什麼也不想，只是告訴自己可以再放鬆一些，讓氣流自然地經過我的身體。

還記得當時我 COVID-19 還沒確診，快篩篩不出來，但喉嚨都是濃厚的痰，很不舒服，一直想咳嗽所以睡不著。即便如此，因為太習慣為自己靈氣了，即使身體虛弱，還是會不自覺地把手放在身上。剛開始，我感覺超級不爽而且不耐煩，病毒入侵，我只想趕快叫它滾出我的身體。到第二、三天沒那麼生氣，逐漸生出耐心，手放在身上的時間延長了，也不想試圖跟病毒打架了。我發現，我越想跟病毒大幹一場，這份抗拒會令我更不舒服。

動物生病時，自我修復能力會下降，身體是虛弱的，這時正是需要為他們靈氣的時候。每一股氣流過動物身體，都會刺激體內的循環、增加生命力的氣息。有些疾病無法完全治癒，而且需要長時間醫療，這時靈氣除了能提供身體上的修復，還有陪伴生病的力量。

沒有人願意生病，所以「和生病做朋友」這句話聽起來雖然很困難，甚至還有點討人厭，但我想表達的意思是：我們很少有時間好好陪

伴虛弱的自己，對不舒服的感受覺得難以忍耐，這算是某種程度的自我攻擊，忘記生病的細胞也是自己的一部分。

生老病死是生物存在的必經之路，生病使我們更誠實面對自己需要疼惜的痛，陪伴疾病帶來的情緒，練習把生病的那個自己，也納進來疼愛。

「**靈氣不能取代醫療，卻是很好的輔助醫療。**」這句話更精準地詮釋了，靈氣是在醫療層面輔助動物，能與生病的那個自己和解。做動物靈氣，是和動物共享宇宙能量帶來的寧靜，陪伴動物摸摸那些不好的部分，一次又一次地練習與生病的自己相處。

過往案例中，有不少動物在靈氣當下所回應的體感很順暢，這表示動物與疾病相處得不錯。他們把變異的部分回歸成自己的力量，接受現況的不完整，並且繼續與人類家人相愛。每每遇到這類型的動物小孩，除了佩服他們的意志力與勇氣，也很感謝他們用這樣的態度鼓勵人類去面對不可控的疾病。

疾病帶來另一種面對生命的光明，疾病重生成為生命的力量。

主述、提問、建議

人類的靈氣在正式進入靈氣療程前，我都會先諮詢個案本人目前的身心狀況、是否用藥等等，以了解基本資訊。我也會詢問為什麼想要靈氣的原因，以及最近有哪裡不舒服，以聚焦接下來要療癒的面向。大部分的人類個案會在諮詢的環節，表達來意和詳述自己的狀況；當然也有想來體驗看看、被另一半帶來的⋯⋯等等各種奇妙的原因。

但是動物不會說人話，不會在做靈氣之前告訴我他哪裡痛、哪裡不舒服，也不會在做完靈氣時跟我說他很舒服。因此，動物靈氣超級重視「跟家長的溝通」。

主述

代表動物的基本資訊，包括物種、年紀、性別、病史及用藥等，以便靈氣時有更完整的背景資訊。因為靈氣會聆聽身體的氣感，而任何東西都可能影響氣感，例如：吃飯前、後肚子的飽脹程度就有差異，所以在進行療癒前，需要了解動物目前的狀況。

提問

進行靈氣療癒後，需要與家長確認動物日常習慣、特殊狀況。能量療癒是縹緲且難以具體形容的事情，收集資訊才能幫助我們校準靈氣過程中閱讀到的訊息，整合成家長容易理解的內容，並依照家長可配合的範圍在生活上進行調整。

我常會說，我不希望大家覺得靈氣療癒者很準。因為只是準確講

出動物的狀態，對動物沒有實質上的幫助。靈氣是身體性的能量療法，真的跟通靈沒有關係，當然也沒有所謂準不準。靈氣療癒者的工作，是讓體內氣不通的地方重新流動循環起來。即使都是慢性腎衰竭，每隻動物的狀況不一樣，十隻貓有十種不同的生活型態，因此我們會詢問動物日常生活的習慣，這是為了更全面地了解動物，以便提供更客製化的幫助。

回到日常生活層面。即使後續沒有繼續預約靈氣，家長也可以從靈氣時得到的資訊，進行生活上的調整。家長會逐漸養成辦證動物狀態的能力。動物本來就有自體治癒的能力，不需要依賴靈氣療癒；對我來說，靈氣是陪伴雙方成長，讓家長成為支援動物小孩的那雙手。

建議

我最常被家長問到的問題就是：「我可以怎麼幫他？」

幾乎每個家長在靈氣療癒結束、聽完動物的狀況，都想知道自己能不能幫上更多忙。但家長沒有學過靈氣，可能也沒辦法每週為動物安排靈氣療癒，那要怎麼辦呢？

這時，我會給他們在家絕對做得到的建議。像是按摩、熱敷、梳毛，有時候還可以偷渡一點靈氣的概念，讓他們有方法、按步驟的摸摸動物。

這些建議不但對動物有所幫助，也讓家長有事情可做。有自己能盡力的地方，家長的心情也會放鬆一些。

整體平衡

我很喜歡探討中醫的論述。一方面是因為我很享受中醫的治療，像是針灸、艾灸、拔罐以及草藥，我喜歡親身體驗各種治療，感受不同媒介對身體的影響。但這並不表示我不接受西醫治療。

西醫通常快又能立即見效，急症發作時能迅速降低不適感，也有精密的儀器做診斷及預後追蹤，只看中醫實在是太極端。既然西醫發展至今有這麼多研究與應用，中西醫合併治療則能讓患者更了解自己的身體運作，進而改善問題。

另一方面，動物靈氣其中的一個概念，即「順從流動」。因此，我會追蹤各大中醫師的臉書和 YouTube 頻道。其中一位阿銘師，他不僅懂中醫，也了解西醫。他主張人體是一個總和結構，若能減少身體的代償現象，幫助身體維持平衡，身心靈的狀態就自然良好。

阿銘師在一集 YouTube 的內容中，邀請趙哲暘牙醫師討論口腔與身體結構、肌筋膜結構的關聯性。一般認為，口腔問題就是牙齒問題，但事實上，口腔內的舌頭與筋膜，連帶牽動整個背部筋膜結構、頸椎、腰椎、頭薦骨、腦神經，甚至間接導致情緒困擾。

趙哲暘醫師提到，我們認為矯正牙齒能讓其看起來整齊，卻忽略了身體是整個結構一起運作。矯正牙齒用外力干預口腔內的肌肉與韌帶，實際上對身體的力學來說是不平衡的，暴牙有可能是身體為了保持平衡而造成的，矯正後反而會讓身體再度失去平衡，產生其他問題。

另外，趙醫師也提到，在他的兒童臨床案例中，口腔問題亦經常伴隨情緒障礙、注意力不集中等症狀。這些孩子在成長過程中，很可能被家長誤以為愛生氣、脾氣很大、做事不專心。殊不知可能是因為口腔結構不對，腦部因而缺氧容易疲勞，才導致較為情緒化。

我很認同這個觀點，尤其是在動物小孩身上。動物依賴生物本能，而生物本能的第一個地方就是與身體的關係。當身體失去平衡，會感到不舒服、導致生病、情緒不穩，甚至出現異常行為。

能量的特性是流動。呼吸是能量，情緒也是能量，生物的身體持續地流動，才是處於平衡的狀態。就像前面提過的水管阻塞，當動物的情緒無法流動而卡住，隨著時間累積，這些阻塞的情緒能量會因為無處可去，而長期滯留在身體內。所以，為動物靈氣可幫助他們釋放過多的壓力，重新取得身心平衡。

平衡這件事，除了講求身體的平衡，還有生活上的平衡。我們人類的生活也隨時在找平衡，覺得壓力太大時，會去按摩、做瑜伽紓壓。當動物的生活被壓力推擠，動物的身體本能會開始尋求代價，只是人類可能還未注意到。例如：動物小孩都會有一個紙箱可以躲藏，因為我們不常看到他們在那裡進出，就會認為他們沒在玩。一旦某天突然把紙箱收起來，動物失去習慣躲藏的地方，也找不到其他地方可躲，這時原先的平衡就被打破了，動物需要再找到新的地方躲藏，以重回平衡。人類的生活節奏快，很習慣改變的速度，但**我們卻經常忽略了動物跟我們的時間感不一樣**。

專注病症會忽略周邊風景

誠如前文所言，「平衡」是重點。

身體需要平衡，每分每秒也都在找尋平衡。因此，當動物生病，我們更應該關注整體平衡，而非只專注在病徵處。當我們集中在處理病症，我們會變得更用力想解決問題：當我們一心想解決問題，身體就會變緊。

靈氣療癒者的媒介就是身體。如果我們是流動的管道，而管道變窄，那麼流速就會變慢，動物也會察覺到我們的狀態緊張，因此覺得我們的手很沉重，無法放鬆，反會更有壓力。此外，過於專注在病症，會屏蔽其他的症狀，因為我們只被問題吸引、想要解決問題，卻反被問題解決。

再次提醒大家，動物靈氣的概念是「流動、循環、平衡」。當醫生診斷出病灶，我們總習慣在第一時間對其進行處理，卻忽略身體會持續找平衡、找代償。

靈氣療癒者並不是醫生，所以沒有治療與診斷的能力，但我們擁有靈氣這項氣流工具。透過全身氣的循環，覺察動物身體哪裏阻塞不通、哪裡流速慢，等我們一處處鬆開，有時候反而會發現，最僵緊之處不見得是病徵處，而是動物現在需要舒緩的地方。若這個地方鬆開了，病徵處也會跟著放鬆。假如我們一心集中在處理病症，就會忽略病症以外的周邊風景。

記得呼吸、記得吐氣、記得流動。

犬貓靈氣個案分享

　　動物靈氣執業多年，使我有機會與許多動物相遇。本單元除了想分享家長與伴侶動物之間令人觸動的故事，當時我也記錄下為這些動物小孩靈氣療癒時所遇見的各種狀況，或許可做為大家日後為自家動物靈氣時的參考。

COCO

動物資料：貓、米克斯、9 歲、女生
病史：肺部疑似腫瘤

家長主述

　　例行健康檢查發現右邊肺部有不明團塊，團塊有些壓到支氣管，目前不能採樣確定是否良性。醫生說 coco 的情況要在肋骨處開胸才能採樣，而且位置太深靠近主要血管，需要非常精細的手術，風險很高，我們不想讓 coco 受這樣的痛，決定不動刀。

觀察與探問

　　和 coco 一家是老朋友了，爸爸、媽媽、貓弟弟、人類弟弟，我都有做過靈氣。她一直都是很聽話、懂事的貓咪，是照顧全家的大姊姊。在例行健康檢查發現不明腫塊前，也完全看不出其他病徵，精神、食慾都很正常，沒有什麼異狀。

　　腫塊位於肺部跟支氣管。所以我一定會問家人，日常生活中 coco 最近會不會常常咳嗽、喘氣聲變大？從家人的觀察中，我們能更了解動

物現在生活的品質，哪部分需要優先關照。

雖然無法採樣鑑別良性或惡性，從電腦斷層看到團塊壓到氣管約有一公分大小。團塊的重量帶給氣管壓力，使呼吸變得不順暢，coco 很可能因此會喘、咳嗽、換氣過度。若是發生這些情況，連帶會影響食慾與進食習慣，甚至食物無法消化而嘔吐。

靈氣過程

因為腫塊壓迫到敏感部位 (上接呼吸道、下接心肺)，我決定先推氣進入她的肺部，感受氣在肺部的流動感。我感覺右肺明顯是塞住的，所以我把氣流送到腫塊，一次又一次送氣進去打開更多的縫隙、闢出呼吸的空間，讓 coco 的呼吸可以更順暢。

腫塊改變了 coco 的呼吸方式，使她的呼吸明顯變得更慢，媽媽覺得 coco 呼吸時身體的起伏也比以前來得大。疾病會改變身體原先的樣貌，呼吸變慢沒關係，此刻我們主要在協助她重建自己呼吸的節奏。

家長幫忙

健康貓咪在平靜狀態下，呼吸頻率約為每分鐘三十至四十次。我先請家長計算 coco 的呼吸頻率，大致了解腫塊現階段對於她呼吸程度的影響。以現有的頻率為基準，人類先做幾次深呼吸，接著放慢速度調整至跟貓咪相等的頻率後，把手放在她的上背部，持續深且沉的呼吸。這麼做有助於穩定她呼吸的節奏，陪伴她習慣身體新的運作模式。

後續

兩個禮拜後，我們再約了一次靈氣。媽媽表示這兩個禮拜 coco 的精神有變好，比較常出來走動，不過嘔吐的次數也增加了。

這一次摸 coco 時，胸腔的壓迫感減少了，胃部反而緊縮起來，這可能是造成多次嘔吐的原因。送氣的過程中，我試著更有意識地把氣送

到下方的臟器，讓氣流帶動臟器運作，並用氣按摩舒緩內臟。日常的輔助幫忙也從上背部移到腹部，用手溫暖肚子，幫助食物的消化吸收。

哥哥

動物資料：貓、米克斯、7 歲 9 個月、男生
病史：咳嗽、氣喘

家長主述

哥哥今年開始出現嚴重咳嗽和喘，看了不同的醫生，狀況時好時壞。醫生建議將哥哥送到台大獸醫支氣管專科進行更詳細的檢查，但要等上三個月才排得到診，在那之前，先用類固醇和氣管擴張劑治療。雖然目前症狀緩下來了，但呼吸還是很用力，希望在檢查前能幫助哥哥改善一些。

觀察與探問

● 眼睛分泌物多嗎？

氣喘跟有腫塊腫瘤壓迫的喘與咳，其誘發原點不同。腫塊是壓迫縮小呼吸道的空間，氣喘發作通常會加上呼吸道發炎和氣管周遭的肌肉收縮，使原本暢通的呼吸道變窄，進入肺部的氧氣因而變少，身體自然想更用力呼吸。

當我向家長詢問眼睛分泌物的問題時，也把療癒的視角從原本關注的氣喘移往上呼吸道。上呼吸道範圍包含鼻腔、咽喉，因為鼻腔鄰近眼睛，上呼吸道發炎容易併發眼部症狀，所以才提出跟氣喘看似沒有直接關係的分泌物觀察。

每個病灶都會有原始點，當然病灶本身也可能就是原始點。當我們試著從另一個視角觀看身體結構的互相影響，弄清源頭，找到前因後果，做靈氣療癒就能事半功倍。

對於分泌物的觀察，爸爸則是回答：「眼睛最近疑似細菌感染，有分泌物，所以會搭配點眼藥水。」

另外，動物會在靈氣中跟療癒者共享身體的感受。服用藥物和保健食品減輕症狀，身體感受會相對平緩。因此我詢問家長動物用藥的次數和時段，在接下來的療程會成為有利的資訊。

靈氣過程

氣管就是通往心肺的道路，現在哥哥的這條路變窄了（從忠孝東路的大小變成東區小巷），所以我把靈氣推送到哥哥的氣管，擴張這條小巷弄，再推到橫膈膜處多做停留。此時，我邀請哥哥跟我一起多做幾次深呼吸，並用靈氣示範讓他了解自己的呼吸可以這麼深。路雖然變窄了，但沒有障礙物，可以放心安穩地把呼吸落下來，不必總是認為自己需要那麼用力才吸得到空氣。胃收到更多的氣流之後，會跟著舒服起來，也更有餘裕消化食物。

家長幫忙

● 減少空氣的過敏原和溫差

大家都知道冷空氣會刺激氣管。但冷空氣除了天氣這項因素，冷氣也是冷空氣喔！

我懂，台灣的夏天真的好熱，是連動物都覺得很熱的氣候，現在越來越多動物也喜歡在家吹冷氣。但是冷氣是人造風，長時間吹冷氣，生物們的身體調節能力減弱，循環和代謝功能就會降低。家中開冷氣時也要注意溫差，一下熱一下涼很容易引起感冒和腸胃問題。吹涼涼也別忘了適時吹吹自然風，疏通身體。

● 按摩他的頸部、上背、橫膈膜、眼周

　　長期用力呼吸換氣過度，頸部、上背部、橫膈膜肌肉都會處在用力的狀態，按摩可以幫助恢復彈性。

　　由於哥哥氣喘多數在清晨發作，初期時一天發作好幾次，頻率不固定，有時甚至是睡覺睡到一半起來大喘特喘，睡眠品質差，精神疲勞身體復原速度一定會很慢。請家長按摩眼睛周圍，可以幫助他安定心神。

● 減重

　　我們都知道人太胖對心血管不好，動物也是。體重超標，健康也會打折，除了關節炎的動物有減重的必要，對於支氣管、心肺功能弱的動物來說，做好體重管理非常重要。

　　從哥哥的案例中，我們知道他的氣管變窄了，體重如果還是一樣重，勢必會增加呼吸道負擔，所以必須協助他減重。但是，運動會喘的動物一定不喜歡運動，就跟人一樣，覺得運動累得半死的人怎麼會想運動勒？這邊先岔題一下，其實我們經常誤會動物不喜歡走路、跑步、運動，是因為他們很懶，但很有可能是身體怪怪的才不喜歡動。我曾經遇過一些家長，誤以為他們的貓咪不喜歡玩逗貓棒，檢查之後才發現關節有發炎的跡象。回到正題！無論是關節炎或是像哥哥這類不愛動的動物，還是要陪他們練習活動身體，多動，對動物一定有幫助。

後續

　　哥哥順利排到台大的支氣管就診，做肺泡灌洗查病因。一進行麻醉，哥哥就缺氧了，哥哥的痰太多、太濃厚，呼吸道很難插管，未能灌洗完全，查不出原因。醫生以慢性支氣管炎做為往後治療的方向，接下來需要長期使用類固醇、化痰藥、霧氣治療；爸爸則開始學習靈氣，每日幫哥哥舒緩。

Nini

動物資料：貓、米克斯、約 4 ～ 5 歲、女生

病史：腸胃炎／腸胃型感冒

家長主述

　　突然上吐下瀉一整天，帶去醫院檢查確定不是胰臟炎，鬆了一口氣。醫生說應該是腸胃炎，開了藥當天就回家，隔幾天症狀緩解，便帶去中獸醫調身體。中獸醫說是腸胃型感冒，想預約靈氣加強她的免疫力，讓 Nini 快快好起來。

觀察與探問

● 有打噴嚏、流鼻水嗎？

　　感冒和腸胃炎同樣都會有腹瀉、嘔吐、食慾低下、發燒的症狀，而腸胃型感冒這種說法，是為了區別由細菌直接造成的腸胃發炎，和因感冒引發的腸胃症狀。

　　當身體的免疫系統下降，無所不在的風、病毒、細菌便能輕鬆地跑到身體裡散步。身體平衡受到外界干擾時，免疫系統會自動跟他們幹架，若是動物原先的腸胃功能虛弱，就會先從腸胃出現症狀。所以有些動物拉軟便、下痢，除了問家長近期有沒有更換食物？這幾天懶懶的嗎？也會了解動物是否有感冒的表徵。

靈氣過程

　　雖然是腸胃不適，但實際摸 Nini 卻感覺她的頭沉沉的、鼻塞、喉嚨癢。於是我決定先舒緩上呼吸道，讓氣流通過鼻腔往頭頂擴散，減輕腦部的昏沉；然後再往下半身前進，給較虛的脾胃填氣。軟便好幾天的

腸道，此時就像一個連續加班好幾天黑眼圈到臉頰的社畜，讓靈氣鬆鬆辛苦的腸道。就這樣填填補補，幫身體各部位充電，當次靈氣結束後，Nini 立刻吃掉一整碗飯。

家長幫忙

● 不摸肚子改摸頭

　　我們每個人都有感冒的經驗，感冒最不舒服的地方就屬頭部、鼻子、喉嚨。像 Nini 這樣被歸類為腸胃型感冒，摸頭會比摸肚子有感。

● 需要保暖的位置在腹部

　　感冒、腸胃的症狀已經解除，但動物還是好發腸胃問題的話，排除食物因素，表示動物的體質腸胃偏弱，這裡的氣很虛啦！保暖他的腹部避免受寒，雙手搓熱熱敷腹部，幫他暖腸暖胃也有助於健胃整腸喔！

江年年

動物資料：貓、米克斯、4 ～ 5 歲、女生
病史：神經纖維瘤

家長主述

　　今年一月開刀，神經纖維瘤沾黏脊柱，開刀無法完全清除腫瘤，術後要繼續服用化療藥。由於年年的手術位置在脊椎，開刀後主軀幹便癱瘓了，只剩四肢神經有反應，偶爾會揮、踢、動。長期臥床，平日會幫她按摩，希望靈氣能讓她有多點力氣對抗疾病。

觀察與探問

年年來找我是二〇二二年二月初，就在開完刀之後。她的腫瘤很罕見，整個病程狀況十分複雜。前期五到七天做一次靈氣，年年做靈氣給我蠻多回饋的。原先需要用針筒餵她喝水，第二次靈氣後不久就可以自己抱著水碗喝水，回診驗血正常，精神不錯還變胖了，也會自己往前爬，整體進步很多。

四月中，開始靈氣後的第三個月，化療回診再照一次片子檢查腫瘤。腫瘤雖然沒有轉移，但成長得很快，已經吃掉一些肋骨跟脊椎，情況不樂觀；預估兩、三個月後可能會變得很嚴重，骨頭會被吃掉更多，最終失去支撐，而往下塌壓到其他部位。醫生對於年年目前精神食慾都還正常覺得很神奇，年年在每一個照護她的人們眼中，都是如此強韌勇敢，沒有人想放過奇蹟的可能性，於是媽媽和醫生商量，決定改打化療針。

化療針的副作用有掉鬍子、乾嘔反胃、拉肚子、容易喘，化療全餐吃好吃滿，沒一樣少過。除此之外，神經瘤攻擊神經系統，身體更痛了。身為一個病患，年年看起來卻還是個漂亮的小公主，沒有因為臥床皮膚變差或是屁股長褥瘡，整隻乾乾淨淨的，聞起來還有小奶貓的香味。

九月初，媽媽和醫生討論決定停止化療，以中獸醫和靈氣做安寧陪伴。二〇二二年十月三十一日，年年轉換身分成為小天使。

靈氣過程

整個病程大致分為前、中、後期。

前期：從手術後到決定打化療針

年年開刀的位置在胸椎靠近左側胸腔，所以我先補氣到開刀處，再給脊椎。維護脊柱神經傳導的品質，是透過脊椎把循環送到她的四肢、全身上下、從頭到腳，連腳指甲都要暢通氣感。我們經常只想修理壞掉的地方，卻忘記那些沒壞掉的部位，也需要每天被提醒使用。靈氣就是

透過傳送氣，鬆鬆年年的神經系統，並告訴它們：「欸～你這裡雖然是壞了，但只是沒力氣，還不需要放棄。」收到媽媽傳來的好幾段回饋影片，年年從揮動前肢，到前肢已經長出力氣可以踏踏她的小被被了。

中期：開始打針到停止化療

針對化療副作用進行滾動式的調整。患有惡性腫瘤的動物身體變化很快，我們永遠猜不到動物在幾小時後會出現什麼反應，無論是剛化療完的隔天還是化療了一段時間，都無法預期。再者，是不斷增生的惱人神經瘤，即使沒擴散，增生的地方變多了，多個痛點輪流痛，全部痛一輪再一起痛，一下子前肢、一下子髖骨，總之哪裡不舒服就摸哪裡。

後期：安寧陪伴

每一次靈氣都是將手放在她身上，完全順著她自然地流動，她想去哪就去哪裡。她順順的就好。

家長幫忙

年年媽媽每天都幫年年按摩好多次，每天唱歌給年年聽，跟她講好多話，然後講一講，媽媽就開始大哭特哭。年年跟媽媽都知道這是一定會哭的啊！我陪你、你陪我，一起哭、一起勇敢，然後好好道別。

後續

媽媽從朋友那裡領養一隻橘貓，帶去健康檢查和節育。醫生照 X 光發現，貓咪脊椎的某個位置有一個疤痕，看起來無礙，但對於有這個疤感到奇怪。

媽媽後來更發現，橘貓的疤痕跟年年以前開刀的位置居然一樣。於是想起，在年年的靈氣過程中，年年一直告訴媽媽，即使死掉也會投胎回到媽媽身邊。或許年年真的回來了吧！

虎虎

動物資料：狗、白貴賓、8 歲、男生
病史：左右膝關節皆異位三級

家長主述

　　膝關節異位三級，多方評估開刀風險後，家人決定不開刀。虎虎不但行動自如，還很喜歡出門散步，每次出門都走得特別快，偶爾還會跑起來用衝的。會軟便，有時候一天高達三次，家人擔心症狀會越來越嚴重，目前找不到其他方法可以幫助他，轉而求助靈氣療癒。

觀察與探問

　　骨頭方面，家長提供了足夠的資訊，表示現階段生活自理沒問題，也有固定吃保健食品。為避免他用跳的上床，爸爸媽媽因此把床墊搬到地板上，也會抱他上下樓。軟便這件事倒是有點謎，沒事怎麼會突然軟便呢？解開謎團的第一步就是問問題。

● 軟便有特定時間嗎？

　　「腸胃有點不好，偶爾會吐，大便正常、規律，吃飽後動一下就去大便，但是出門當天會大便三次，第三次都是軟的。」

　　嗯，這表示虎虎的軟便有特定時間。

● 現在出門的頻率，一週會出去散步幾次？

　　「以前是兩、三天就會出門一次，因為他出門會失控用衝的，擔心他的骨頭，所以現在改成大概一週兩次。」

　　線索有，在特定時間軟便、更改出門次數。

靈氣過程

由於左右兩側的膝關節皆異位，右側異位又比左側嚴重，身體的重量在膝關節抓不到平衡支撐，壓力於是落在腳跟和腳踝處。不只左右側因異位程度不同產生了代償，上肢也造成足部關節不小的壓力。

膝關節的問題往上連動到腰椎和周圍肌肉群，當靈氣從腰椎一節一節釋放壓力，整個下半身可以說是痠到不行，一路從腰椎到大腿，滲入每根腳趾頭，好像要穿透地面一樣。腰椎痠軟，腰椎前方的臟器就會受到影響，腰椎前方的臟器就是腸子，不過就這點來看，虎虎腸胃本身較弱，所以很可能是反過來，腸道跟關節有相互作用。腸道是身體的清道夫，功能健康的腸道會協助將發炎因子、毒素、壞東西排出體外；功能較差的腸道無法清除體內的垃圾，就會循環回到全身。

因為骨頭的問題，家人減少了帶虎虎出門散步的次數。於是散步的當天，虎虎的心情便超級興奮，一整天都躁動，期待著爸爸媽媽帶他出門的那一刻，於是就更容易在特定時間腸躁軟便了。

家長幫忙

類似虎虎狀況的動物小孩其實不少，即使有關節問題，依然是衝衝衝過日子，跑上跑下、跳來跳去。我認為這樣的情況如果能掌握以下兩個原則，長期調整會改善許多：

● **患部端按摩，代償端補氣**

只要疼痛，生物的第一反應都是保護它，所以周遭肌肉勢必習慣包覆疼痛。所以第一，在患部端做按摩，伸展肌肉的空間；而沒有受傷的代償端承擔兩倍的工作量，則採用送靈氣的方式儲存能量，以提供循環支持。

● **運動前做暖身、運動後放鬆**

常常聽到家長帶狗狗去草地散步、玩你丟我撿的遊戲。就算狗狗沒

有骨頭問題，運動前先暖身、運動後放鬆的原則也完全適用。

　　雖然都是按摩，這裡的按摩跟上一個案例的用意稍微不同。這類性格的小孩不怕痛，按摩對他們來說稱不上挑戰，只要不碰觸到痛處，他們是喜歡按摩的。因此按摩之於他們可以視為奔跑前的暖身運動，為即將使用的部位熱身，提高肌肉的溫度與彈性，能減少對關節的傷害。

MEMO

野生動物或野外動物不一定需要「暖身」，但伴侶動物就不一樣了。他們跟人類生活在同個空間，活動範圍和活動量都因人類的生活縮小和降低，而戶外活動的強度一下子開太高，動物的天性會帶著他們興奮地玩耍，完成家長的指令，但是身體不一定跟得上。所以在出門前，捏捏他的四肢幫身體預熱，身體暖開了，也能減輕運動時心臟的負擔。

● **腸道保健**

　　動物靈氣重視平衡。不是整組壞光光，身體找到自己的恐怖平衡，要不就是上下、左右、前胸後背平衡。如果是背部有問題，正面的臟器也需要多關照，反之亦然。

MiMi

動物資料：貓、10 歲、米克斯、女生
病史：癲癇、關節炎

家長主述

　　家中有一對貓姊妹。妹妹上週末晚上第一次癲癇急診，除了是第一次癲癇發作，當天在醫院也經歷了貓生的許多第一次：在清醒的狀態

下剃肚毛、塗凝膠照超音波、照 X 光、抽比之前還大量的血液做檢查。回家後，貓姊姊好像因為醫院的味道而不理妹妹。或許是太緊張了，這幾天覺得妹妹的背部特別僵硬，走路都拱著背，不曉得這樣的狀況能不能預約靈氣呢？

觀察與探問

● 關節炎控制得如何？有在吃保健食品嗎？

癲癇發作總是令人措手不及，不只家長嚇到，動物自己也驚慌失措，感到非常害怕。局部性的癲癇發作症狀較輕微，身體僵硬、眼嘴震顫、抽搐；全身性的癲癇卻非常危險，可能會大小便失禁、口吐白沫、失去意識而倒地不起。每隻動物癲癇發作的原因都不相同，長期觀察靈氣療癒癲癇的案例，許多動物皆有關節炎的病史。我們可以想想，為什麼關節炎跟癲癇相關？

脊椎就像輸送帶，大腦則是發號司令的電腦，兩者是緊密的工作夥伴。脊椎的工作是運送大腦訊息到身體各個部位，當輸送帶有部分運作變慢或是異常，電腦的訊息傳不出去，腦部累積過多的電，在無處輸出能量的情況下，有可能就會經由癲癇釋放過多的電壓。

老年動物因為年紀大，即使沒有關節炎或骨刺，仍可能因為脊椎的間隙變小、軟骨磨損等退化問題，使得老年動物氣的流動比年輕時還要慢。當氣流受骨頭因素影響，而無法順暢地在脊椎跑動、下放氣息到尾椎、四肢時，氣長期卡在上半身，容易誘發諸如氣喘、癲癇、失智等腦部相關的疾病。

靈氣過程

癲癇發作時，全身的肌肉都會很緊繃。靈氣帶我先去 MiMi 全身上下的肌肉組織，告訴它們警報已經解除、可以放鬆下來囉～癲癇的貓通常會覺得身體頭重腳輕，能量集中在頭部、眼部，感覺像是戴著太緊的

安全帽罩住整顆頭，壓力很大；再加上關節炎的影響，力量沒辦法下放到下半身和四肢，所以下半身反而無力。

持續整理脊椎氣的同時，我聽到了一陣哭聲。我明白 MiMi 真的被自己的癲癇發作嚇到了，這麼多天過去還沒回過神，連媽媽都表示這幾天 MiMi 的反應比較遲鈍。於是我用靈氣療癒她受驚嚇的心，陪伴她的情緒，告訴她現在沒事了，可以先好好哭一場，明天我們再當一條活龍。

家長幫忙

● 千萬不要在動物癲癇發作時摸他

我們可以持續跟小孩對話，讓他聽見我們的聲音正在陪伴著他，但是千萬不要去觸摸他、在嘴巴塞東西試圖介入。在抽搐的過程中，小孩無法控制自己，當然也管不了你，因此你的介入可能會被動物小孩抓傷、甚至是咬傷。另外，塞東西給他咬，反而更有機會噎到，請清空周遭的危險物品，以減少動物因動作激烈而撞傷的可能性。

● 記錄給醫生跟自己看

靈氣對於癲癇後的修復有很好的幫助，不過我們實在無從計算癲癇發作的時機和頻率，如果能記錄下發作時間、持續多久、發作的頻率，不但可以提供獸醫師更完整的資訊，下一次發生時，我們也更能知道如何應對。

● 癲癇不要忘記按摩尾椎跟四肢

癲癇是腦部的不正常放電，因此會想處理頭部很正常。用毛刷梳一梳頭頂、後腦、下顎，放掉壓力的同時，也不要忘記動物跟人類一樣都是踩在地面上。當下肢有力地接住上半身，全身的能量更落地，癲癇頭重腳輕的體感會因此更加平衡。

卡斯特

動物資料：貓、米克斯、6 歲、男生
病史：異位性皮膚炎、下泌尿道炎、膀胱結晶

家長主述

嘿，大家好，家長就是我本人（揮手）。一直在想卡斯特這麼豐富的病史，要拿哪樣出來分享好呢？對於他有陣子常跑醫院，我的心已經練習到放很寬了。

過敏兒有分很多種，卡斯特就是什麼都過敏、高度敏感的那種小孩。濕度、溫度、環境、空氣、食物、塵蟎，任何物質都可能干擾他的免疫系統，形成生活上的壓力。第一次發現他是過敏兒，是我從北部搬到南部生活後三個月，當時的他皮膚嚴重過敏起屑、掉毛、時常舔毛。醫生表示他是過敏體質，只是以前還沒出現誘發的過敏原。搬家的那年為過敏元年，未來狀況可能會突然間奇蹟般消失，也可能不會。後來真的一整年完全沒發作，還以為痊癒了；到了隔年，輕則皮膚癢、支氣管發喘，重則膀胱結晶。南部換季空氣污染嚴重，水源多為硬水，也是過敏原之一，易引發泌尿道、膀胱等泌尿道症狀。

觀察與探問

自己看自己的孩子有很多盲點，因為太親近了，於是媽媽焦慮症大爆發，怎麼看都會覺得他今天是不是身體不舒服？所以我反而很常問自己：「他現在的狀況可不可以等？」、「有沒有時間觀察？」判斷的根據是本能的吃喝拉撒睡。唯有兩次，雖然食慾、食量正常，但尿量變少，精神明顯較萎靡，我覺得不能等了。這兩次正是兩歲時的下泌尿道症候群，和六歲的膀胱結晶。

靈氣過程

發現卡斯特泌尿道不舒服的當天晚上，門診都已經關門了，我決定去夜間急診。由於夜間急診沒有熟悉他狀況的醫生，拿了消炎藥先帶他回家，等隔天早上再約家庭醫生看診。回到家，我摸著他腫脹的膀胱和泌尿道的刺痛，持續送靈氣舒緩疼痛，直到他睡著為止。稍微休息一下也好，我就在一旁顧著。

膀胱結晶是我目前摸過覺得最為疼痛難耐的，拿人類相比就是跌倒擦傷的淺層（神經最多的那層），結晶小碎石還會在膀胱滾來滾去，左刮刮、右刮刮膀胱的肉，所以膀胱結晶／結石的動物才會躁動的一直跑去尿尿紓解。

緩痛是尿路問題的當務之急，靈氣的最後都必須補氣到腎臟，為什麼呢？下泌尿道症候群復發率算是蠻高的，腎臟不會因為尿路故障就不工作，反而會在故障時更努力工作，所以一定要給腎臟「ㄙㄤ幾勒」（台語）。

家長幫忙

壓力是誘發泌尿道症候群的原因之一，對於好發泌尿道症候群的貓咪而言，生活中的減壓、減敏是必須做的功課。壓力包含環境壓力，諸如經常施工坑坑的聲音、和其他貓咪相處的同儕壓力，還有家長的生活壓力……等等。

卡斯特就是我的一個大罩門。當小小的他來到我們家，偶爾軟便、超級黏我、皮膚過敏、發喘、泌尿道症候群，談不上生離死別那種大事，但諸多情況仍不斷挑戰我如何成為一個照顧者。若我自己被生活壓力、工作壓力壓飽壓滿，我必須承認，我可能會成為孩子壓力的來源之一。因此，紓解我自己的壓力，對他來說就是幫上一個大忙。跟自己的小孩平衡身體問題，多數時間都是在犯錯中成長（擦淚）。

豆豆

動物資料：狗、馬爾濟斯、12 歲、男生

病史：心臟病、腰椎骨刺

家長主述

豆豆已經十二歲了，今年檢查出腰椎長骨刺，有時會不舒服，因此持續吃藥中。上禮拜打了三天骨刺的止痛針，醫生交代先把藥吃完，完成這個療程。最近因為骨刺的原因，走路狀態與精神不佳，到今天已有三天沒排便。心臟病則是去年檢查時發現的，當時醫生說持續觀察就好，先不用吃藥，肺好像也不太好。

觀察與探問

● 是便祕大不出來，還是怕腳痛所以不敢大？

大便時都需要後肢的支撐，如果腰椎骨刺已經影響走路，表示豆豆的大便姿勢可能會引起疼痛。

在靈氣中的探問，除了提出問題請家長就日常觀察來回覆，協助療癒者了解動物現況，療癒者也會從一來一往的對話裡，對照確認動物傳遞的身體感受和家長的觀察有無落差。如果有，那我們需要再次校準是哪方面的認知不同。

在豆豆的例子中，媽媽有提到心臟病史，但是摸豆豆的心臟時沒有明顯異樣，所以提出跟家長確認。

靈氣過程

開始為豆豆靈氣時，覺得他是一隻對靈氣接受度頗高的狗，很快就遇到他不舒服的點。腰椎的骨刺，包括骨刺點和周遭的肌肉群，豆豆都

讓我用靈氣摸著。我們不認識，他也不知道靈氣是什麼，但很信任我的手，所以能量吸收得很快；既然遇上喜歡靈氣的動物，於是我想可以繞到心臟那邊試試，看他給不給碰。

坦白說，摸心臟時還是會有點擔心，萬一不小心力道太大，反而會刺激到動物。才剛到胸腔就感覺悶悶的，豆豆的身體反應讓我知道，摸這裡他有點緊張，所以我再次調整切換開關，讓自己的靈氣質地更輕盈，像微風那樣輕輕吹開他想保護起來的胸腔。

「心肺功能因為老化較為吃力，只要不是太激烈、突然的驚嚇都還好喔。以心臟病的狗狗來說，他算是很穩定。」我特地把這句話說出來讓媽媽了解，也說給豆豆聽。

大家都說，自己的身體自己最了解，因為在慢慢變老的過程中，自己是第一個體驗自己的身體正在改變的人（動物）。當然不是每個人都喜歡自己變老的樣子，也不是每隻動物都能習慣自己的身體正在變老，我們都需要被提醒變老的可貴，而不只是專注於變老的辛苦。

靈氣完的隔天，豆豆媽媽便傳了一張豆豆大完便、睡到四腳朝天的照片給我。

家長幫忙
● 隔空順順氣

我會請家長在靈氣結束後，雙手搓熱摸摸動物的身體，順順他們的氣。因為豆豆很討厭被摸腳，所以豆豆媽媽問我要怎麼辦？腰薦椎連接後肢，腰椎有骨刺怕痛，所以討厭被摸腳很正常，可以先隔空順氣。一樣先將雙手搓熱，手的熱能會先從碰到他的氣場開始，等他習慣了，距離再慢慢地往身體靠近。

多多

動物資料：狗、拉布拉多、16 歲、女生
病史：開刀取出腹部脂肪瘤、後腳退化性關節
炎、胰臟炎、肝臟脾臟皆有良性腫塊、骨癌

家長主述

多多上週被診斷出骨癌。在這之前，她因為後腳關節炎和神經退
化，只能靠輪椅助行；後來腫瘤擴散到前肢，無法再使用輪椅。四年
前手術取出一顆三公斤的腹部脂肪瘤，每年胰臟炎至少發作住院一次。
骨頭腫瘤的疼痛指數非常高，雖然有用止痛藥，但也擔心止痛藥影響消
化功能，使胰臟炎再次復發，所以用藥一直非常小心。後期的疼痛可能
連止痛藥都壓不住，多多姊姊希望靈氣可以讓她舒服一些。

觀察與探問

收到姊姊清楚的資訊，整個病程描述詳細。我了解多多身體需要被
照顧的地方很多，整個身體多處在極度發炎的狀態，不過還沒靈氣前，
不知道哪裡最需要優先給予支持。比起用資訊判斷應該怎麼做，身體還
是最誠實的，身體消耗越多的部位，越會吸收靈氣。

靈氣過程

第一次靈氣，氣先是滲透進多多的四肢，不只前肢的腫瘤氣血循環
慢，長期臥床的關係也使後肢狀況更差，整個身體都好痛，看來止痛
藥的劑量要再跟醫生討論調整。接著，氣一瞬間集中至多多的下腹部，
也就是多年前的開刀處，整個下腹腸系統、生殖系統淤積感強烈，開刀
術後身體的氣都瘀在這裏，過了四年還沒代謝完全。開刀那年，多多已

經是十二、十三歲的老犬，需要花更多力氣修復身體，可見她當時有多辛苦。姊姊則表示：「開完刀後，多多的身體狀況直線下降。」於是第一次靈氣的首要任務，就是趕快把下腹的淤積送走。當天晚上及隔天早上，多多自己尿尿了。姊姊說，之前即便多多的肚子再脹，擠尿時頂多滲一點點尿液出來。靈氣後的尿量真是前所未見，大塊尿布墊整個吸滿之外，睡覺的床和她肚子全都濕了。

第二次靈氣前，多多回診。醫生說腫瘤成長的速度很快，再加上腫脹的部位已經壓迫到皮膚，造成前腳水腫，於是加上少劑量的嗎啡貼片。看著腫瘤已經把多多的皮膚撐到瘀青了，我們超級不忍心。幫多多靈氣時，感覺多多的疼痛因為嗎啡而舒緩許多，雖然還不太適應精神有些昏沉，整體來說身體的感受有比上次舒服，於是持續補力氣給她。等她有力氣，隔天就可以自己尿尿了。

第三次靈氣時，多多因長期臥床、止痛藥、嗎啡各種藥物，身上腫瘤、腫塊的部位很多，身體開始畏寒。多多姊姊也發現，她的身體偶爾會抽動。循環不好，氣血過不去就塞住了，當氣血滲過去時就會抽動一下、痛一下，但有抽動反而是好事，表示她的末梢神經都還有感覺。

第四次靈氣前，多多食慾跟精神明顯下降，到醫院打皮下點滴、造血針、灌食。這樣的狀況是否可以繼續維持生活品質，什麼時候該放手，是一道大題目。多多姊姊跟我討論她還能做什麼，我明白順順的流動能讓多多舒服一點，「但就只是舒服一點嗎？沒有更多的可能嗎？」我也在思考靈氣還能為多多做什麼？五天後，多多離世。

家長幫忙

多部位疼痛時，哪裏痛就放哪裡。

基本原則是，哪裏不舒服放哪裡，哪裡痛放哪裡。雙手搓熱，用手上的熱能熱敷患部。

後期多多身上有許多不明腫塊，在按摩腫塊時，先由旁邊淺層開始

再慢慢到中心。中心點通常是淤積最多的地方，氣血最塞，越到中心力道要越輕，動物才不會痛喔。

後續

隔了半年，我結束一場動物靈氣的講座，有位女生把我叫住，她說自己是多多的姊姊，很感謝當時靈氣陪伴多多、陪伴他們一家人。坦白說我有點驚訝，因為到最後我覺得自己應該可以做得更多、更好，而她的一番話，也療癒了我當時陷入陸續送走幾隻貓咪朋友的沮喪。我向她表示自己才非常感謝她、感謝多多。我抱著她，兩人哭了出來。

暖男

動物資料：狗、雪納瑞、15 歲、男生
病史：認知障礙、前庭症候群發病約 2 個月、
肝指數偏高、艾利希體治癒

家長主述

前庭症候群近半個月退化加劇，頭會垂垂的，躺平時無法快速調節平衡，會產生眼球震顫。加上原有的認知障礙，行動能力也大幅降低，且更加挑食，體重越來越輕。

觀察與探問

病史有認知障礙和前庭症候群，剛摸暖男，就感覺他的頭像是有千斤頂壓住，還非常想吐。於是我便問暖男媽媽：「現在吃飯都是家人餵嗎？餵濕食還是乾飼料？吃到飽還是分餐吃？一天餵幾次？」了解動物

吃飯的習慣，和腸胃的身體感受對照在一起，才能校準療癒的方向。

暖男上下排前面的牙齒都拔掉了，退化加劇行動不便，幾乎臥床，肝指數偏高，身體代謝功能弱，需要代謝的東西都卡在腹腔，所以沒食慾、吃不下。大便最近都是一粒一粒的羊大便。以前吃飯總是發出咬碎食物的聲音，很享受吃飯的時光，現在看到喜歡的飯但又吃不下，心情很是沮喪。

靈氣過程

靈氣送到暖男身上時，他的四肢明顯無力，感覺得到他的焦躁和心慌。本來可以控制的身體，可以用行為表達情緒、需求，現在卻只剩下眼神能表達。

我們先暖一暖他的消化系統，提升食慾。現階段，能吃飯最重要。同時感覺到他的上呼吸道不那麼順暢。媽媽表示，暖男呼吸有時會有一種卡卡的聲音，不確定是從喉嚨還是鼻子發出來的，醫生也沒多說什麼。沒關係，我們也送一些氣過去，往頭頂打開活絡腦部的氣血。

家長幫忙

● 吃飯前熱敷肚子，暖暖整個腹腔

如果身體沒有空間消化食物，當然會吃不下。長期臥床的動物復健都需要家人幫忙，熱敷肚子就是在幫他的肚子做運動，讓消化系統動起來。但是做完之後不能直接吃飯喔，必須間隔十五到二十分鐘緩衝。

● 按摩鼻骨、下顎

呼吸量變小，進到心肺和腦的氧氣量也會變少，身體少了氣的幫忙容易精神不好。雖然我們不能明確地知道卡卡的位置在哪裡，會有瞎按的可能，但實在的碰觸可以提醒動物：我知道你這裡很辛苦，按摩會鬆開緊繃，我們試試看好不好？

Coco

動物資料：狗、約克夏、14 歲、男生

病史：心臟病（去年有一次併發肺水腫）、慢
性腎臟衰竭

家長主述

Coco 姊姊來問能不能接急案，Coco 感冒變成肺炎，現在肺積水還加上尿毒。此刻是肺積水最為棘手，Coco 喘得很厲害，希望靈氣能舒緩他的不適。

觀察與探問

姊姊定期約我幫 Coco 和弟弟 Momo 做靈氣。他們是一對約克夏兄弟，兩隻都有心臟病，哥哥 Coco 比較嚴重些，有吃藥控制。前年四月，Coco 因心臟病造成的肺水腫從急診救回一命，大病之後反覆肺積水，在家裡姊姊自製的氧氣室躺了幾個月，也到醫院做高壓氧治療。病情穩定下來後，腎臟卻漸漸超過負擔，導致慢性腎臟衰竭。

四月初的某個晚上，我收到姊姊傳來的訊息，那一天我不知為什麼，突然覺得需要放下手邊的事先摸摸 Coco，於是很快便答應他們，做好準備。

靈氣過程

當時 Coco 失去意識，連靈氣都很難進去，整個身體很僵硬。我跟姊姊聊 Coco 的現況，姊姊說：「他是不是真的好累了？我私心當然希望他能繼續撐，但也知道他真的很不舒服，不希望他太痛苦。」

和姊姊達成共識，無論 Coco 做什麼選擇，要繼續用這個身體活下

來、還是順行，不需要勉強自己。當我們都表達支持的瞬間，Coco 的身體突然變得很輕盈，我一度以為他可以撐過這一次，電腦視窗便跳出姊姊的訊息：「Coco 走了。」

原則上靈氣無法療癒離世動物，但 Coco 的靈魂還沒完全離開身體，處於正在離世的狀態，所以我繼續送靈氣，一邊唱藥師咒，祝福他的肉體、靈魂都平安，為他送行。

家長幫忙

放手是最美的祝福。

前前後後大概幫 Coco 做了快四年的靈氣，算是蠻了解他的個性，多次看著他在病危邊緣強韌地挺了過來。我記得那天結束，姊姊說：「不知道我這樣打文字，他會不會聽到？但我想跟 Coco 說，你不在我還是會傷心，因為傷心是愛你的證明，但是也開心你不會痛痛了。我跟媽媽、阿嬤，大家都很愛你，很感謝你來到這個世界上，成為我的家人。」

寶寶

動物資料：狗、米克斯、5 歲、男生
病史：胰臟炎

家長主述

上個禮拜食慾不好，懷疑可能是胰臟炎復發，週末吐好幾灘就立刻帶去看診，檢查確定是急性胰臟炎，想做靈氣為他舒緩。

觀察與探問

令家長頭痛的病來了——胰臟炎。孩子上吐、下痢、食慾不振、沒精神、因腹痛全身捲曲或難受得屁股翹高高，都是典型的胰臟炎症狀。

胰臟炎有分發炎期和減少復發可能的保養期。發炎期必須靠西醫治療打針止吐、止痛、緩解發炎，以免有更危險的併發症。

急症解除後就是保養期。首先我們會發現，有胰臟炎病史的小孩除了容易復發，大部分都很挑食，整碗飯把不喜歡的全都挑出來，只吃自己愛吃的，還有我個人主觀經驗統計的數據，他們的個性都很‧傲‧嬌。

傲嬌的個性、常常愛挑剔的小毛病所產生的小脾氣、小矛盾、內心小劇場，這些情緒排解不完全，容易累積在脾、胃、胰臟的器官而引起發炎。胰臟發炎的疼痛感，就像一顆打結雜亂的毛線球，外圍有好多小結，不小心拉到線，打結的地方就會痛起來，需要耐心地從外部一層層解開這些心結產生的情緒。

靈氣過程

我在胰臟炎的案例，會發現消化系統很混亂，整個上腹部的氣息都打結的感覺。所以，動物自己呼吸的氣息無法下到腹部，都憋在胸口，形成胸悶、氣結於胸的狀況。有時候這種胸悶的感受，也會讓整個背部僵硬。

因此我會著重加強在鬆開他的胸口，從胸口滲氣到整個腹腔。多做幾次之後，我自己打了一個超大聲的嗝，同時動物的腹部就鬆開了。

家長幫忙

雙手搓熱摸摸胸口，從胸口順著摸到腹部，前胸或後上背都可以，由腹部中央順著橫膈膜，用指腹滑過骨頭縫隙，打開因為疼痛包住的胰臟、胃、肝、膽的區塊，解除氣結於胸。

至於挑食、傲嬌這些，我們大家就一起加油吧！

總結

靈氣療癒不能取代醫療，為動物做靈氣療癒的同時，動物們仍然持續回診、追蹤。

從動物靈氣療癒認識犬貓相關的疾病，我深深感受到醫療之必要。雖然我常常為自家貓咪靈氣，每年還是一定會帶他們做例行健康檢查。平日若有需要就醫，也是絕對立刻預約飛奔去醫院。

靈氣扮演了非常好的醫療陪伴角色。我的貓查斯特有一陣子會像小狗一樣張口呼吸，我幫他做靈氣時，覺得呼吸緊緊的，胸腔狹窄、心跳很快，懷疑是心臟病，便帶去醫院檢查。檢查後發現，查斯特的後腿骨跟髖骨有斷裂結合的痕跡，猜想可能是他小時候還沒遇到我之前曾經摔傷，當時年紀小，再加上傷勢不嚴重，骨頭就自然癒合了。但也因癒合的位置並非正確位置，所以造成現在的關節炎，連帶影響行走、胸腔的空間變小，影響心臟空間和呼吸。知道不是心臟的毛病之後，我鬆了一口氣，之後持續帶他回診看中醫，用中藥調養張口呼吸的問題。

我記得那一天提早到獸醫院候診，有一位太太很緊張地抱著她的狗進來掛號。她說狗狗整晚都在喘，不曉得是怎麼了。那一瞬間，我完全能理解她的慌亂與擔憂，這位太太一定整晚無法入眠。

身為一名家長，我很慶幸自己學習了動物靈氣，至少在這樣的時刻，我還能告訴自己：「手放著，把注意力集中在呼吸，跟動物一起呼吸。」

我會和獸醫師討論幫貓咪們做靈氣感覺到的體感，可能是什麼隱藏的狀況，進修更多關於動物身體結構與行為學的知識。

雖然獸醫師可能會覺得我很奇怪，但我總覺得這樣的校準工作，

是動物靈氣要進入輔助醫療體系最重要的一環。能量療癒者有所感受，但如果只是說「我感覺到他的頭頂、腹部在發燙」，對家長或其他不了解靈氣的人來說，可能還是不夠明確。將身心感受的對應，以更具體的方式陳述，才更容易讓別人了解。

做為一名動物靈氣療癒者，我經常陪伴家長一起經歷他們最憂心的時刻。有時候，家長比動物更需要幫助和支持，我就可以把靈氣過程中動物身體的變化與感受，轉達給他們，並且提供一些日常舒緩的建議，請他們一起協助動物。

而在這個過程中，了解動物正在經歷的醫療，靈氣也能在治療的同時陪伴動物。我們不會說，「動物已經在進行靈氣療癒，要求停止醫療」、「動物不想接受治療，就不接受醫療」這種話，因為靈氣和醫療本來就是完全不衝突的兩件事。靈氣的目的是為醫療提供輔助，協助動物應對緊張和壓力，讓他們放鬆下來。**靈氣正是一種安撫情緒的能量療法。**

動物靈氣療癒者就是在這樣的多面向關係中，站穩自己的立場，陪伴動物和家長順順地走下去。

Chapter 7

動物靈氣療癒
✦情緒和行為篇✦

靈氣療癒動物的行為

關於靈氣療癒動物行為問題的主題，我一直猶豫著，不知要如何開始寫，因為這讓我回憶起童年發生的事情……

小時候的我不是一個乖巧聽話的學生或女兒，我很叛逆，常常跟父母頂嘴、衝撞老師。媽媽覺得我這麼壞，是不是卡到陰了？老師覺得我是壞學生，必須加以管束。在成長期和青春期的整段時間，我覺得沒有人想了解我。即便那不是事實，但在我記憶的深處，我仍然這麼認為。直到長大後，我開始照顧自己的情緒和需要，重新檢視當年不被他人與自己理解的心理慾望，慢慢地接受自己的形狀。

我相信很多人跟我有類似的經驗、貼近的感受、相同的孤獨。那麼家裡的動物小孩呢？當他們出現不符合常態的行為時呢？例如常常打同伴的貓咪、會撲人的拉布拉多、看到媽媽就直接躲起來找不到的蜜袋鼯。動物往往沒有太多的選擇，還可能因此被誤解為一個「不乖」或「壞」的小孩，但……那是真的嗎？

以長期來看，靈氣療癒動物行為在生活上改善的案例不少，不過，療癒動物行為不像療癒身體狀況，可以很快讓動物放鬆、舒服、增進身體循環，使恢復速度加快。

現在的行為是日積月累所養成，**慣性並不是那麼容易可以改變的。**行為、情緒相關議題需要多次的靈氣，等動物能接受後，才有機會一層層打開，看到動物需要被疼惜的地方。

在這篇文章開始之前，我想邀請大家回想自己的童年時刻。閱讀動物小孩生命經驗的同時，再一次把自己當成小孩，回想自己小時候可能跟動物們類似的情緒感受。**當我們站在動物那邊，才能更好地理解自己**

的動物小孩此刻所面對的生命議題。雖然我們不是他們，永遠無法完全體會動物們所經歷的事，但至少，現在我們跟他們站在一起，珍惜那顆想被理解的心。

過去體驗的總和

在認識一個人的過程中，我們剛開始只能看到表面的樣貌和行為，隨著時間的推移，我們逐漸了解他的背景、經歷和價值觀。同樣地，當我們決定把某個動物帶回家當成小孩照顧時，也能看到類似的情況。

每個動物都有自己的背景和經歷，但是我們往往只能從中途家庭或收容所員工那裡得到一些簡單的資訊。我們不知道動物背後的故事，也不知道他們的經歷會如何影響他們的行為和情緒，而無論這些過去的經歷為何，都塑造了他們的現在。

我們的記憶是過去體驗的總和。

所有過去經歷形成的記憶，都被我們儲存起來。記憶會影響我們的選擇與行動，大腦會將所有的體驗和資訊儲存下來，形成我們的記憶。這些記憶包括我們曾經歷過的感覺、情緒、事件和知識等等，當我們遇到新的情況，大腦會利用這些記憶來協助做出選擇。比方說，看到草莓戚風蛋糕和草莓芥末千層派，你會覺得哪個好吃？大多數的人會選前者吧，因為你能想像那個味道；而芥末在你的印象裡是嗆辣的，要跟酸甜的草莓搭配，光想像就覺得味道怪怪的。當然，草莓芥末千層派可能會出乎意料地好吃，但據過往經驗，你不會這樣認為。因為，我們的記憶不僅是過去經歷的總和，還是我們日常生活中採取行動的依據。

在動物的世界裡，他們能選擇的空間相對較少，他們做出的決策與行動，一樣受到過去的經驗所影響。曾經遭受虐待或傷害的動物，更容

易產生強烈的情緒和行為反應。

我經常這麼比喻：「受虐動物的記憶像是一部影片，在動物的腦海中反覆播放。即使傷害事件已經結束，當動物感到自身安全受到威脅，過去的記憶便會重新浮現，情緒反應會非常強烈。」

靈氣經驗中，我經常觀察到受虐動物會表現出直覺反應，例如曾被棍棒毆打的狗，在看到拖把或掃把等類似的長棍時，會因為當初被傷害的記憶而立刻嚇得發抖、躲起來。

因為這樣的事情不但發生過，更在他的大腦裡播放了無數遍。所以當他一看到長棍，便直接啟動「被打、會痛」的記憶，直覺性地閃躲或攻擊。在人類世界，這種情況被稱為「創傷後壓力症候群」。藥物治療加上長期的靈氣，可以幫助這類型的動物，釋放記憶中反覆出現的恐懼與無助。

情緒的綁定

動物創傷的經驗讓我們了解到，過去的記憶會與情緒綑綁在一起。當現在生活出現某種刺激物，動物的創傷再度被喚醒，產生強烈的情緒反應，例如逃避、攻擊、尖叫……等。這些情緒和記憶又會進一步影響動物的行為模式，形成惡性循環。

然而，並不是所有來靈氣的動物，都像上面所描述的那樣有著嚴重的心理陰影。在我的工作中，我們遇到的主要是動物令人難以理解的行為，例如亂尿尿、護食、打架、半夜嚎叫……等。這些行為的背後，都有著某些隱藏的原因，原因的下方則暗藏情緒。這裡，正是動物需要被理解的地方，很有可能是某種心情、某種感受，透過行為表現出來。

我們其實很容易忘記、忽略的是，動物小孩很敏感，情緒需要被關照。因為人類的生活有太多可以排解情緒的管道，喝個小酒、唱

KTV、打麻將、跟閨密講三個小時電話，都可以排解心情。

那麼，動物呢？在你聽不懂狗狗語，我不會說貓咪話的情況下，他們的心情該往哪裡去？

人類是伴侶動物的生活依靠。當動物因為某些因素產生壓力而又無處釋放時，便可能出現人類難以理解的行為，諸如欺負同伴、不在定點大小便……等，這些都是動物小孩用來表達自己情緒的訊息。當動物小孩願意用某種行為向我們表達他的心理需求時，其實是非常信任我們、也渴望被了解的。

此時，靈氣療癒的幫助，就是透過傳遞靈氣感受動物的狀態，閱讀動物身體的訊息、揭開行為背後隱藏的情緒、造成的原因等因素，表達出來讓家長了解。家長便可以從另一個角度，去思考動物小孩目前所面臨的問題，進一步提供適合的支援與協助。

我常說，**靈氣動物的行為議題，需要被理解的不只是行為，還有動物的那顆心。**

如果我們只是一味地制止、懲罰或忽略動物的行為，動物小孩很難理解自己的行為為何被制止或處罰，甚至會感到孤獨，不信任關係。對於動物小孩來說，當他們的行為被自己重視的家人所理解，他們會感受到被聽見、被看到、被認同。動物小孩會知道：爸爸媽媽看到我了、聽懂我了！

行為問題 vs. 問題行為

行為學有所謂的「行為問題」與「問題行為」。

行為問題，意指動物的異常行為，可能有重複性且無法停止、焦慮不安等反社會的行為模式。問題行為則是，行為本身並無重大問題，

但不符合人類的認知與期待。

據我的經驗，在我靈氣過的動物中，有嚴重的行為問題時，必須同時配合獸醫的診斷和藥物治療。而後者的問題行為，動物本身是沒有問題的，只是人類不理解動物的行為。

人類認為的「有問題」，並非真的有問題。換句話說，某些人很可能可以接受這樣的行為，但對某些人來說不行。這時候，靈氣可以協助了解動物行為背後的原因，讓人類理解動物的心理狀態。

所以這個篇章才會強調理解的重要性，必須將理解擺在第一位。如果不理解動物卻先要求動物改變，急於矯正他現有的行為模式，那就是只是期待動物能依照人類的要求過日子罷了。

另外，我也曾遇過家長不想給動物使用幫助睡眠、抗焦慮的專用藥物，只想靠溫和的靈氣療癒令他苦惱的動物行為。我很感謝家長的認同，但，這是愛與想像的差距。

我可以很肯定地說，靈氣需要的時間一定比較長，因為不是每個動物都願意第一次就給陌生人閱讀全身的訊息，需要建立足夠的信任，動物才會把脆弱的情緒記憶展現給我們看；了解了之後，才能進一步針對目前的生活重新建立新習慣。例如：因為幼崽時期食物經常被同伴吃光，導致被領養後看到飯就一股腦掃盤的動物，要調整飲食習慣，也要給動物時間適應新的習慣，林林總總加起來，沒有兩、三個月是跑不掉的。

此外，還有對身心藥物的誤解。雖然靈氣是順勢的自然療法，但不代表不能使用藥物。假設動物晚上會對著門口嚎叫，人類和動物都無法入眠，藥物可以幫助他好好休息，也是一法。我認為重點在於家長如何與動物目前的狀態相處，如果家長的生活作息已被動物打亂，需要更速效的解決方法，我並不認為藥物不可行。更何況，如果自己身為家長都照顧不了自己了，要怎麼照顧動物呢？如果又遇上天生基因有缺陷的動

物,那是愛與藥物都無法處理的啊⋯⋯

我想再次強調,靈氣需要多次療癒,以及家長生活中的配合與調整,所以家長也必須負起陪伴動物練習的責任唷。

把動物小孩視為個體

日本的植物學家稻垣榮洋先生在《除了自己,成為不了別人》一書中提到,據其長年的研究觀察,他認為同一物種會因為個體間的差異而形成「個性」。不同個性的生物會創造多樣性,而多樣性促成演化。但是人類的演化跟自然界不同。人類習慣把接收的資訊歸納整齊,追求有效率地整合;此外,在人類群體社會中,「獨特」又較難被社會認同。**這些因素,都讓人類不斷地把個體的獨特性排除在外,跟自然界的發展相反。**

把動物小孩視為個體,是指每個動物小孩原本皆有自己獨立的個性和行為模式,而非人類的寵物,或是被調教、馴化的對象。因為是獨立的個體,他們在不同情況下會有不同反應、不同行為的表現。當人類把動物小孩當成某一群體而非與你生活的個體,我們反而失去接受差異的彈性。狗群會聽指令,貓的習性是在砂盆裡尿尿,今天你家的狗看到人就撲、貓咪尿床又尿沙發,一旦超過你能理解的動物行為範圍,便認定動物異常而試圖矯正他,你其實正在忽視動物的個體性。

我在靈氣動物行為的經驗,有時候會遇上家長提到:「為什麼我家的狗會咬棉被,別人家的狗不會?」首先,你真的不知道別人家的狗會不會;再者,也有可能別人家的狗咬瓶蓋,一不小心吞進肚,比咬棉被更慘。另一個相似的問法是:「我們家五隻貓一起長大,為什麼老二咪咪長大就開始打人,別隻不會?」以上這兩類提問,聽起來都像是指著

公園裡的兩棵桃花心木問，為什麼這棵比較矮、那棵比較高？它們雖然都是桃花心木，但兩棵就是不一樣的樹。

在人類的世界中，獨特的個性會無法適應社會關係，容易被邊緣化，所以我們的練習是做出符合社會標準或眾人共識的選項。然而，伴侶動物的的社會關係主要出現在家庭，家人怎麼看待他、以什麼標準對待他，動物都會記得，並依靠所累積的經驗，學習和人類相處。

與其鑽牛角尖想「動物為什麼要這樣做？」不如去思考，「動物小孩在做這件事時，想要表達什麼？」

以「為什麼」開頭的問句，往往很難有正確答案。動物做某件事的背後，有情感需求想被你看見。而每個動物小孩都有自己的個性、成長背景，表達的方式皆不同，需要的關懷不一樣，有些孩子與人類相處的經驗甚至並不是很好。靈氣療癒便是打開他的內心，一步步了解他的過去、個性、行為模式背後的情緒、他對愛的需求，陪伴相愛的你們，找到相處之道。

接下來要分享的案例，是我這幾年遇上的幾個特殊款。真的非常感謝動物勇敢攤開自己的情緒，謝謝你們願意給我們看見脆弱的一面，謝謝你們的信任，讓我們理解你們，學習如何去愛，也謝謝動物的家長展現了另一種相愛的力量。

犬貓靈氣個案分享

靈氣療癒很私密，療癒者觸摸動物的身體，閱讀動物身體帶來的訊息，除了身體層面的感受，情緒也是一覽無遺，難過、開心、憂鬱、覺得委屈，只要動物願意給我們看，療癒者通常都會知道得清清楚楚。所以，我們的預約都必須經過家長同意，再為動物執行靈氣療癒。

一個人長大的黑貓愛醬

這次來預約的是，已經送養愛醬的中途愛媽。

愛醬到新家七天，解除隔離後，經常會狂追新家的兩個原住民貓姊姊，姊姊們每天都被嚇得躲在衣櫃裡。考慮到這樣的情況若長久持續下去，會給姊姊們增加不必要的生活壓力，所以新家庭的媽媽跟愛媽商量，想把愛醬送回到愛媽家。

愛媽告訴我，這已經是第二次家長想要退養。兩次到新家，兩次都住不到一個月又被送回來，她認為對愛醬的心理一定會產生影響。愛醬在中途之家很乖，雖然有時人手伸過去她會作勢要咬，但整體來說沒有特別「不正常」的地方。因為真的很想知道如何可以幫助愛醬，於是跟家長協調並取得同意，自掏腰包為愛醬預約靈氣。

我的手才剛放上去，眼淚就不自覺地落下，而且還是狂掉的那種。我不想阻止愛醬藉由我釋放她累積的情緒，事實上，我很感謝她願意讓我與她一起共感情緒。小小的身體累積了這麼多傷心，就好好地哭出來吧！

我靜靜地陪著她，等她緩下來，我看見她孤零零的背影在馬路旁邊徘徊。閱讀到這個畫面帶來的訊息，直覺讓我聯想到遺棄。進一步

詢問愛媽，愛醬是否有被遺棄的經驗？愛媽表示也不確定是不是遺棄，當時是朋友打電話告訴她，在騎樓看到一隻小黑貓一邊哀嚎、一邊來回遊走。她過去之後，發現小愛醬脖子上有項圈卻沒有聯絡資料，怕她危險只能先撈回家，走失的資訊放上網路好多天都沒消沒息。但小愛醬一來就發現有貓瘟，所以前後大概七、八個月時間都是單獨關籠。期間因為中途的貓太多，只好送去另外兩個中途。愛媽時常抽空去看她，愛醬很依賴愛媽，等中途的貓口比較少了，就接她回來準備送養。

小愛醬就這樣重新被第一位愛媽接回家，當時已經快滿一歲了。需要練習社會化的階段，卻自己在籠子裡養病，看著其他同伴在籠外玩耍。等到痊癒，有了新家，在新家遇上其他貓咪同伴，愛醬沒有攻擊行為、也沒有佔領地盤的意圖，甚至是被哈氣的那位。她興奮地跑過去，只是希望能跟同伴打成一片，結果貓姊姊們卻害怕地躲起來。這是社會化不足的典型行為，過度激動而無法拿捏相處的距離與底線。雖然日後的生活仍可經由訓練增加社會化經驗，但最大問題還是出在隔離時間過短。因此家中加入新成員時，隔離時間要夠長，並定時交換空間巡邏以熟悉對方的味道，循序漸進地解除隔離。

在新家的愛醬會追逐其他貓咪、壓迫同伴的居住空間，表面上看起來很強勢。我們無法確定愛醬當時是被遺棄或是自己走失，但可以從靈氣知道，她過度缺乏愛的安全感，並害怕再次被遺棄。

每當我提起這個案例，心都會揪一下。或許我無法說服其他人這孩子成長背景對她造成的影響，但我希望靈氣可以讓這個孩子，記得自己被捧在手心裡疼愛的感覺。

愛醬，你沒有做錯任何事，你只是想要被愛。

永遠吃不飽的碰碰

碰碰是五歲的博美犬，醫生說小型犬的胸腔空間狹小，必須控制飲食，以免太胖對心臟造成負擔。

不過真正讓阿肥媽媽困擾的，是碰碰經常吃得很快、很急，甚至會噎到。媽媽必須把手指伸進喉嚨把飼料挖出來，他才得以喘氣，好幾次都以為碰碰會這樣死掉。

靈氣碰碰時，並沒有感覺到他肚子餓，消化系統也正常，所以他不是因為餓才一直想吃。往更深的地方摸進去，海底輪空蕩蕩的，好像無底洞。

海底輪是掌管生存議題的脈輪，海底輪摸起來沒有東西，表示這邊的能量薄弱，動物對生存環境沒有安全感。食物是維繫生存的重要資源之一，總是光速把飯吃光，是護食的外顯行為。護食的動物認為全世界都會跟他搶食物，連在一旁陪吃飯的媽媽，也對他的食物虎視眈眈。源頭的根本追溯到這個動物小孩在幼崽時期，可能有跟同伴競爭食物的經驗，而且常常還是搶輸的那個。即使來到有充足食物的環境，不安感仍烙印在心中，因此產生護食行為。

我們經常看到會護食的動物。有些吃很多、吃很快，有些則是經過擺放食物的區域時，他的安全警報就會鈴聲大作。家裡的動物有護食行為，我都建議家長先不要過度限制動物的食量，因為這裡有個很重要的心理因素：護食的動物沒有體驗過吃飽的感受。當我們為了健康在食物上減量、矯正護食，並不會對動物有正面幫助，反而是抑制他對食物的匱乏，有生存議題的動物反而會更容易對食物感到焦躁。當下一次食物出現，他會覺得需要保護食物而更快地吃完，因為食物很快就沒有了。

護食行為，只有出現在動物嗎？不！人也會。

我記得國小二年級的每週二放學後，爸爸會騎機車接我到補習班上英文課。因為緊接補習的時間沒辦法先回家吃飯，我常常肚子餓到下課，後來爸爸都會在家裡附近買一塊烙餅，讓我帶去補習班墊墊肚子。有一次，補習班同學看到我在吃烙餅，問我可不可以吃一口，我答應了。沒想到，等他把烙餅遞回來給我時，居然只剩下一口……！往後的日子，當我拿到烙餅的那一刻，我就會在機車後座咻咻咻地把烙餅吃光！絕對不敢再帶到補習班。

對我來說，食物是爸爸給我的資源，那是屬於我一個人的。雖然明白同學肚子餓，但是我也很餓啊！而且烙餅能有多大？就只有一人份呀，被迫共享讓我非常有壓力。如果帶到補習班，同學可能會再來跟我要一口，而我拒絕不了，所以寧可快速塞進肚子裡，不讓別人有機會覬覦我的烙餅。覺得我的例子離你太遠嗎？那大家應該有聽過，飢餓減肥越減越肥，刻意不吃東西並不會降低生物對食物的慾望，因為這是生物的本能呀。

碰碰媽媽問我：「他都已經來家裡這麼久了，難道忘不了以前的事嗎？」

這種跟生存議題相關的行為，真的很難忘。我國小二年級的事情記到現在，難道我是在記恨？我並沒有恨那位同學啦，但我一直記得那堂課我一邊抄白板上的單字，一邊因為肚子一直叫好餓好生氣，心中滿是各種混雜的情緒，以至於回家才發現根本看不懂自己寫的筆記。

最有效且合適的方式，不是努力忘記過去的經驗，而是讓新體驗的優良感受逐漸取代舊經驗在心中的地位。對阿肥來說，創造無壓力的用餐環境，減少對食物的焦慮，份量不減但分成多餐進食，讓動物知道食物一直都會在，他不需要擔憂。

新妹妹來了，CoCo 的腳就壞掉了

CoCo 是哥哥領養的大狗狗，也是人類家人的大玩伴。

那陣子，平常喜歡跟著哥哥姊姊的 CoCo 突然不走路了，整天只想躺在自己床上。姊姊帶他到醫院檢查，一切正常，特別的是，CoCo 聽到吃飯還會咚咚咚地跑過去吃；說要帶他去散步，也會起身出門去走走，只是在家裡看起來一直很沒精神。。

中大型犬性格穩定，適合預約現場靈氣，於是安排到府做靈氣。靈氣當天，CoCo 躺在自己的床上，既然都在動物身邊可以直接摸到本體，絕對不放過任何騷擾他們的機會，全身上下都先給他摸一遍！沒有啦，我的意思是，物理上接觸他們，一併看到動物的外在狀態，這是現場靈氣的優勢，不過更需要一步步建立動物對我的信任。

先讓動物嗅聞我的氣味、口頭告知靈氣是什麼，聽不到他的回應沒關係，告知是禮貌，接下來都是緩緩地來，配合動物的反應再行動。接著，觀察動物皮膚、毛流的狀態，有沒有哪些地方因為過度啃咬而缺毛？那可能是不舒服的徵兆。探索他喜歡被碰觸的部位，有沒有地雷區？最後輕輕按壓他的背脊、四肢，覺察他的肌肉是否有比較緊繃的地方？或許那裡是他慣用的肌肉群。

大型犬真的好好摸，就像大玩偶一樣。經過上述的觸摸，CoCo 對我的熟悉度提升，信任感大增。也因此，我發覺當我碰觸他的左大腿，他會有禮的閃避，不讓我繼續碰觸。「就是這裡了」，我心想。

靈氣的好處就是不用直接碰觸也可以施作，我把手拉開五到七公分的距離，隔空對 CoCo 的左大腿施作靈氣。剛開始他有點緊張，靈氣傳不太過去，姊姊在一旁安撫他，跟他說話請他安心，我看到 CoCo 神情放鬆一些了才繼續。

CoCo 的左大腿浮出一連串的記憶碎片：他在一個類似工廠的地方，

被關在鐵籠裡；脖子上有鍊子，水碗裡有水，但很髒。當時他的左大腿有疼痛感。我問姊姊 CoCo 左大腿有沒有受過傷？姊姊說，當時帶去檢查，醫生說，觸診時他會閃應該是會痛，但 X 光看起來骨頭沒事。

原來是受虐記憶儲存在左大腿，CoCo 因此感覺疼痛變得不喜歡行走。靈氣釋放他腳上的疼痛幻覺，他心裡也很清楚現在已經沒有人會打他了，但為什麼總覺得他還是悶悶不樂的。靈氣到一半，CoCo 的哥哥打開房門進來，手上的紙箱裝著兩隻小貓，這是他們最近遇到的貓咪，兩隻小貓正處於愛玩的年紀，有時會踩過躺在床上的 CoCo，哥哥姊姊們有意將貓咪跟狗狗分開相處。

兩隻小貓咪來家裡的這些日子，哥哥姊姊為他們把屎把尿、照顧他們長大，一下子所有的關注都集中在兩隻貓身上。覺得自己被冷落的 CoCo，回想起過去同樣孤單的時光，內心開始上演「沒有人愛我，我的腳好痛，我好可憐」的小劇場，也難怪 CoCo 一聽到散步就站得起來了，因為那是姊姊專屬於他的時間。

靈氣可以療癒動物的過往，同時也是解謎破關的攻略。閱讀身體的訊息和目前動物生活的狀態，把每一道線索連起來，可以讓家長更了解小孩的內心處境。

電影裡那種功課很好的班長

本篇分享的 coco，與第一一七頁的案例是同一隻貓咪。在靈氣加中獸醫的支持下，身體穩定之後的 coco 經常會尿在被子上。起初，爸爸媽媽擔心 coco 的身體是否又出了問題，去醫院檢查的結果，除了原先肺部的不明腫塊，其他都正常。於是媽媽再次預約靈氣，想了解 coco

的心裡究竟發生了什麼事。

coco 一直是家裡最有秩序的小孩，吃飯不會弄髒地板、上廁所把大便尿尿埋得好好的、從來不會跟貓弟弟打架爭地盤，是爸媽眼中體貼的長女。

coco 如果是人的樣貌，大概會是戴著眼鏡、留著清湯掛麵，上課很認真，考試常常排全校前三，同學、師長都很喜歡的資優生。她給我的形象就是如此端正，你挑不到她的缺點，因為根本就沒有，硬要雞蛋裡挑骨頭，那就是她真的太會替別人著想了。

久違的靈氣 coco，感覺她胸口到喉嚨的能量比過年的國道還塞。她有很多情感，但表達不出那些情感能量，因此轉而由其他行為替代，例如：尿尿。這是喉輪很常見的議題。有可能動物個性本來就比較文靜、內斂，也有可能不是不願意講，而是不知道怎麼講，對自己的情感需求陌生，再往下一層是對自己的情緒陌生。

動物的表達大多透過叫聲、行為引起人類注意。幼崽時期的確常因為生理需求肚子餓，所以嚶嚶哭叫；長大後想要陪伴會叫、尋求關注也會叫。人類往往很難分辨動物真正的需求，以至於容易忽略動物小孩也是有情感面向，需要被我們滿足的。

我們每兩週安排一次靈氣。剛開始，藉由靈氣與 coco 連結感受，將她的心情轉達給爸爸媽媽知道。平常就請爸爸媽媽有空時問問 coco：「你現在的感覺是什麼？心情如何？」反覆對動物提問，讓動物親自咀嚼自己的情緒變化。從每週至少尿一次床，到一個月一次、幾個月一次，次數逐漸減少，一年過去，coco 也不再尿床了。

以前人類弟弟哭鬧，她會安靜地待在原地。越來越理解自己的感受後，當弟弟哭鬧，她不喜歡就會主動離開，因為現在的她了解到：「我可以不喜歡，爸爸媽媽尊重我的不喜歡，我也會尊重自己的。」

是的，一年。全家人用一年的時間陪伴 coco 探索自己，一年聽起來很久。但對於今年剛滿十二歲的動物小孩來說，一年，不過就是她生命的十二分之一。而對動物來講，又還能再活幾年呢？我們總是忽略動物的需求，卻要求他們用最快的速度成為我們的理想小孩。謝謝 coco 爸、coco 媽，還有 coco。謝謝你們雖然厭世的洗著被子，但在相處上遭遇挫折時，仍不放棄和對方溝通，你們全家的故事著實為我上了一課。有你們真好！

拉女生馬尾的臭男生

你有沒有看過電影裡，有些臭男生會捉弄坐在他前面的女生，偷拉馬尾、故意不傳考卷、上課偷踢椅子。你問男生為什麼要欺負她，是不是討厭人家？他不會說討厭，他會回答：「好玩！」

底迪原本和其他三隻貓跟阿嬤住在一起，後來媽媽成立工作室，決定把貓咪們都養在工作室，覺得這樣他們才不會孤單。於是總共十隻貓咪，陸續搬到工作室生活。

媽媽說，底迪很喜歡打架，他總是會主動挑釁其他貓咪，或是趁其他貓咪休息偷襲他們，給其他貓咪造成不小壓力。媽媽覺得底迪心裡可能在生氣搬家的事，希望靈氣能幫底迪釋放生氣的情緒，心情好一點，希望不要再跟其他貓咪打架。

我問媽媽：「是不是你們不在時，底迪就幾乎就不打架？」媽媽回答，從監視器看起來是這樣，晚上貓咪都在休息，底迪也是。

摸底迪的時候，他沒有生氣，他所有的行為都只是想引起人類注意，標準的討關注。當人類看到底迪打別的貓咪時，會大聲地阻止他。

這時的底迪就是全場的焦點，彷彿有顆聚光燈打在他身上。「太好了，我得到想要的關注了！」所以底迪學習到，打其他同伴，我就會得到關注。

底迪想被愛，想念以前可以整天黏著阿嬤的生活。現在搬到這裡，只有白天有人在，晚上工作室就沒人了，只剩下貓咪們。雖然人類覺得貓咪們可以互相陪伴，但就是有些貓咪更喜歡人類相伴，像是底迪。

媽媽想要改善這種狀況，讓貓咪相處起來少一點壓力，但短時間沒辦法再次搬家，於是我向底迪媽媽提出了幾項建議：

一、打架時不要給予強烈關注。以高漲的情緒與高亢的音調對著他們喊：「不可以打架！」這根本是在助興啊！七桃仔八加九在打架時，如果旁邊有人在看的話，他們會變得更有活力；原本只想裝腔做勢，一旦有群眾圍觀，腎上腺素馬上就被激發。

二、不過度介入動物的戰爭。多貓多狗家庭有自己的小型社會，人類的介入不一定能協助更平衡，反倒有可能被動物認為偏心，因為我們本來就做不到完全公平啊！無論站在哪一方的立場，都不會是完全的公平，對吧！更別提，我們都是偏心的，或者說，我們會有既定印象。舉例來說，有些貓咪經常故意推倒桌上的杯子、筆筒引起注意，人類會因為這個行為替他貼上標籤，等到下次真的做了壞事，第一個懷疑的就是那個被貼標籤、喜歡調皮搗蛋的小孩。

三、重新考慮貓咪的個性與居住環境，做最適當的安排。有些動物可以團體生活，有些真的只適合獨寵。不然哪天真的打傷進醫院，可就不好了。

分裂的吉利與會咬人的ＪＪ

吉利的媽媽在他七個月時從愛貓協會領養他。在這之前，吉利發生車禍，全身多處撕裂傷。幸運的是手術很成功，復原狀況也很好，很快就被領養了。因為身體剛康復沒多久，媽媽不放心吉利自己待在家，所以會帶著他到辦公室一起上班。吉利很適應辦公室上下班的生活，會在辦公室的櫃子、桌子間到處跑跳衝撞，媽媽一邊辦公、一邊聽到吉利撞來撞去的聲音，雖然在家也會這樣，但辦公室的櫃子又高又大，很擔心他會再次受傷。不過吉利即使每天跑酷運動好幾個小時，看起來似乎又一點異樣也沒有。

第一次靈氣閱讀吉利的身體，身體的破碎感很強烈，他仍記得車禍當時身體裂開的痛楚。吉利屬於對自己無意識的暴力，雖然沒有攻擊別人，但他用衝撞後的疼痛感來確認自己的身體還在，每撞一下，感覺到痛了，就表示自己還活著。

不過也確實，雖然肉眼看起來吉利的身體是完整的，但靈氣後才發現，吉利身體的流動性很差。他的身體記得被車撞帶來的分裂，而且還是塊狀。之後的每一次靈氣，我們試著用氣流縫合他的傷口，並請媽媽在每一次靈氣後，用手把吉利的全身摸過一遍，讓觸摸的感覺幫助他把身體連接起來。第四次靈氣之後，吉利仍愛奔跑到處衝，但撞擊物品的次數減少了。隨著每次的進步，從一週一次靈氣到一個月一次靈氣，持續靈氣三個月後，吉利不再有刻意撞擊身體刺激痛感的行為。媽媽也領養了一隻貓和吉利作伴。

另一個無意識暴力的案例，是紐約的ＪＪ。

ＪＪ是媽媽在收容所領養的大橘貓，圓滾滾的，長得非常可愛。ＪＪ剛到家裡沒多久，媽媽就因為ＪＪ好幾次突如其來的咬人而受傷。在沒有任何徵兆之下，ＪＪ便從遠處暴衝過來咬媽媽一口，次數頻繁，

每次都流很多血，令媽媽感到身心俱疲，但也不想把ＪＪ送回收容所。對媽媽而言，ＪＪ依舊是隻很棒的貓咪，很喜歡與他相伴的時光，於是在朋友的介紹下轉來做靈氣療癒，看有沒有機會處理這個問題。

ＪＪ第一次靈氣時，我一直感覺到他的脖子上有戴項圈，緊緊的。我問ＪＪ媽媽在家有幫動物戴項圈的習慣嗎？媽媽回答沒有。但ＪＪ脖子上的毛看起來的確比其他地方稀疏很多，她懷疑是戴過項圈的痕跡。我想進一步摸進脖子閱讀身體的記憶，就被擋住了。能量流不過去，我就明白了，ＪＪ的身體清楚地告訴我：他不想被閱讀。

第二次靈氣，我仍然不放棄解開脖子的祕密，但也知道硬來不會有好結果，我必須等待，讓ＪＪ自願讓我和媽媽知道。第三次靈氣時，依然停留在僵持的局面，ＪＪ的個性並不固執，這件事肯定是他想深藏的記憶。我這麼想。

第四次靈氣，一些片段的畫面開始浮現出來。樓梯口、ＪＪ在樓梯口、ＪＪ被項圈鏈在樓梯口、有一些聽起來很嚇人的聲響。原來待在收容所之前，ＪＪ有一個家，ＪＪ時常被圈在樓梯口，移動範圍也就項圈鏈子的圓周。家中的男主人似乎有酗酒的習慣，會大聲吼叫，甚至出手打他，ＪＪ總是警戒著。有一天，ＪＪ趁著沒綁鏈子時逃了出來。來到新家的日子裡，當ＪＪ感覺到環境氛圍因聲響、氣味改變，他覺得自己要被打的恐懼被召喚，就會攻擊旁人以保護自己。

今年，ＪＪ超過十歲了，距離我們相遇的那年已有五年。ＪＪ從咬人噴血、咬到流血，到現在幾乎不咬人。媽媽每個月都會幫ＪＪ約靈氣保養，長期的靈氣療癒陪伴他接受過去的恐懼，我和媽媽都了解他防衛自己才會咬媽媽，不是故意的。ＪＪ還是會害怕，但是沒關係，我們會陪你一起走過去。

我真心佩服ＪＪ的媽媽，這一條重拾信任的路超級不容易。不是每

個人都有被自己小孩咬到爆血的經驗，真的很難體會那種感覺。人類覺得自己日夜照顧的孩子深深地背叛自己的愛，動物小孩則是既難過又委屈，因為他的自保被視為傷害家人的行為。媽媽和ＪＪ練習和解，同理對方的心情，再次信任對方的愛。

小兔子貓咪 —— 小蜜

小蜜兩個月大時在外面流浪，有人經過，恰巧看到她正被兩隻流浪狗咬著玩，救了她一命。到醫院檢查時，小蜜全身氣腫又貧血、脊椎錯位、胸骨也斷了，住院一段時間總算順利出院。但因為下半身被咬傷，有癱瘓的可能，出院後持續做針灸治療她的腳。恢復情況還不錯，除了不太習慣使用左後腳，其他行動上都很正常，沒多久就遇到自己的人類爸爸媽媽，有了新家。

小時候的經歷影響了小蜜的個性。她很容易受驚嚇，爸爸媽媽的朋友來家裡時會躲起來。此外雖然沒什麼太嚴重的狀況，不過小蜜剛到新家時還未滿一歲，正在成長的階段，爸爸媽媽希望小蜜能健康地長大，所以定期預約靈氣順順小蜜身體的氣，排解被嚇到的恐懼。小蜜媽媽每次預約時都會說，「要用靈氣幫小蜜補勇氣」，非常可愛。

小蜜是那種做靈氣會讓療癒者挫折的貓咪。她非常的空，就像一個隧道，傳氣過去給她，她會把同一道氣原封不動送出身體；換句話說，就是幾乎沒在接收。這樣也好，她還小，由她自己定義什麼東西是自己需要的：她想要接收，她就拿；她若是沒感覺，我擺著陪伴，反正做靈氣本來就不是為了證明自己有療癒其他生命的能力。摸小蜜時，我突然明白，有人說「看鬼片心臟要大顆一點才不會嚇到」，小蜜這類容易受驚嚇的性格，摸她時都能感覺到她的心臟處於緊縮的狀態。反覆傳靈氣

到她的心臟，讓氣息在這邊停留久一點，幫助放鬆。

靈氣做到第三年，不是第三次、不是第三個月，是第三年，終於出現一絲曙光。

靈氣的過程中，我摸到小蜜的後頸有一條神經的能量是斷掉的，應該是當初被狗咬到其中一個斷裂的地方。或許是時間到了，或許是小蜜準備好了，這個斷裂的地方顯現出來被我們看見。於是我給了一些靈氣把它接回去，再傳氣將每條經絡順一次，這次的靈氣工作就差不多告一段落。手才剛要離開小蜜，我的左腳莫名抽動了一下。

過了一陣子，我在某次吃飯的場合遇到小蜜的媽媽。她眼睛張得超大跟我說：「嗡！你知道多神奇！上次你找到小蜜那條受傷的神經，她以前上下樓梯都是兔子跳，現在會正常走路了！」

我真的有夠、有夠驚嚇，換我被嚇到噎！真是太神奇了，怎麼會突然這樣就好了啊？靈氣，你也太酷了吧！靈氣很多時候就是這樣，會在意想不到的地方發生奇蹟，是人類窄窄的腦袋沒辦法預測的。雖然這條受傷的神經我們花了三年才遇到，但真的很值得。

我過敏我驕傲

「今年搬家換新環境，把肚子的毛都舔光了，而且感覺越舔越嚴重。是不是我的生活影響他，讓他太焦慮了？」choya 媽媽很擔心地這麼問我。

過度理毛是行為議題熱門排行榜前三名。當家長因為過度理毛來尋求靈氣療癒的幫助，大多都是認定動物有情緒焦慮、生活壓力等產生心因性的舔毛行為。不過，就我們靈氣案例的經驗，有很大的比例並不只

是心理因素，還有更重要、需要被重視的身體狀況：「皮膚過敏」。

「皮膚過敏」是一種廣泛的說法，過敏原、過敏成因可以由醫療檢測得知，真正讓人難以忍受的是，看到動物對皮膚過敏的反應：舔毛。

幾乎每個人都有過敏的經驗，季節轉變多打幾個噴嚏、沒換枕頭套臉泛紅疹、吃到海鮮全身發癢，現在的生活誘發人類過敏的因子超級多，這些同樣也可能是動物的過敏原。那為什麼當他發癢舔毛，我們會認為他在焦慮呢？

舉例來說，人類的憂鬱症，是大腦生病連帶影響全身的神經系統、內分泌、賀爾蒙等，這些系統平常的功能是幫大腦跑腿，帶訊息給身體其他部位。大腦短路，系統轉成撥接，情緒低落、憂鬱紛紛出現，許多原本交錯工作的機制失去平衡，不單只是心理疾病。以前我們誤會憂鬱症，現在仍然不能從結果回推，判斷貓咪過度理毛是心因性的。近幾年，國內外的獸醫陸續針對貓的異位性皮膚症候群有更深的討論，臨床上遇到過敏體質的貓咪，真的超多的啊。

真正讓過度理毛成為家長頭痛議題的原因在於，當動物開始舔，我們就會叫他不要舔，試著去阻止他，於是動物學習到：「當我這麼做，就會得到某種程度的關注」。一開始動物可能真的會癢、覺得怪怪的，想抓想舔，後來，當動物意識到每舔一次肚子，爸媽就會停下手上的事情看看我，於是就開啟了動物舔毛、人類制止的循環。即使動物不再癢了，但他知道這麼做對於引起人類的注意很有效，這才是問題所在。

靈氣 choya，搬家、媽媽工作忙碌，讓他在生活上有增加一些壓力，當人類的生活壓力大，動物小孩同樣也會受到影響，畢竟我們生活在同個空間啊。今天不管是不是動物，人類家人也是如此，生活就是會互相影響的，因為我們相愛，所以願意支持對方。

給 choya 媽媽最好的建議，除了調整自己適時放鬆，把握時間休息，

克制自己想阻止 choya 的衝動，不養成情緒勒索手段的循環。可以噴上動物專用的放鬆噴霧，定時陪 choya 玩玩具釋放壓力，並留意新家的溼度與溫度，盡可能調節到與舊家差不多的狀態。剩下的搔癢，就交給皮膚專科來處理。

Chapter 8

非犬貓伴侶動物
靈氣個案

我家的孩子不一樣

伴侶動物除了常見的犬貓外，近年來越來越多人與鳥、鼠、兔子、刺蝟、蜜袋鼯、烏龜、守宮等共同生活。

這些特殊的伴侶動物大部分體型偏小，與犬貓相比，對他們的研究仍然較少，這也導致這些動物在醫療資源的使用上有所限制。

雖然針對動物的能量療法已經開始被討論，日漸受到關注，並且被視為輔助醫療和陪伴動物的選項之一，然而，犬貓以外的伴侶動物在這方面的實際應用，仍需整合豐富的經驗和專業知識，我們還需探索更多關於他們的健康、行為和醫療議題。

我認為靈氣療癒最重要的兩件事，一是舒緩動物的身心狀態，另一個是轉譯成人話，讓家長了解動物的狀況。

每當遇到犬貓以外的個案，我會先查閱相關資料，了解該動物的生活習性和物種特性，以利在靈氣療癒的過程中，進行感受上的辨證，並轉譯成家長能夠理解的語言。

此外，非犬貓的伴侶動物另一個常見的狀況是，他們的身體往往比犬貓小很多，因此無法接受侵入式檢查。沒辦法檢查等於無法確診，無法確診進而影響用藥的準確性，因此，當他們生病，靈氣療癒就成為一種溫和且舒緩的陪伴方式。

刺蝟

姓名：尖叫

尖叫的脖子上有一顆很大的瘤，影響到她的呼吸和進食。原本已經準備開刀，但在麻醉後，醫生表示插管有問題，所以無法開刀。尖叫回家後癱軟了好幾天，後來，尖叫會一直咬自己的脖子，甚至咬到傷口發炎。最後，尖叫總算開刀了，也確定這顆只是一般的肉瘤，並非腫瘤。

為尖叫靈氣是在開刀後的一週施作。摸她時，感覺整個喉嚨很瘀，即便已經把腫塊拿掉，旁邊的傷口還沒復原。尖叫本身的氣，在察覺身體有缺口時會自行填滿，協助傷口癒合，這就是生物的自體治癒力。然而，氣會淤積在這裡，表示這個刀對尖叫的身體來說負擔滿大的，她自己的氣補不滿，不能順暢流動，才會瘀積在這裡。具體的畫面像是在擠粉刺，粉刺被擠出來會留下一個洞，當粉刺比較小，洞口會很快癒合，但當粉刺比較大，洞要填補回來的時間就比較長。

開刀後的尖叫心情很差。醫生除了建議減肥，因為擔心傷口復原狀況不佳，也減少了出門活動，愛玩的尖叫只能待在家。心情好，傷口恢復就快，除了療癒傷口，也療癒心情。尖叫的傷口位置在喉嚨，靠近呼吸系統，在靈氣結束後，我也陪著尖叫做了幾次深呼吸，想必之前還有瘤在這裡的她，肯定沒辦法好好呼吸。如今瘤拿掉了，陪著她呼吸，就是在陪她重建自己呼吸的節奏。

由於刺蝟身體小，是一手可以掌握的動物，跟犬貓比起來相對好施作。像這樣迷你型的伴侶動物，與其一次做好做滿，不如間接性的給靈氣。一次十分鐘、一天多次，讓她的身體在接收靈氣後休息一下，給她時間修復與自己的呼吸整合循環。這樣的反覆進行，比一次性的靈氣更加適合。

鸚鵡

姓名：娣娣

　　娣娣跟暮暮是一對鸚鵡姊弟。有一天媽媽回家，發現娣娣眼睛旁邊的羽毛都不見了，整個眼睛變成紅色，於是趕快帶去看醫生。醫生推斷娣娣跟暮暮打架，眼睛被暮暮啄到，傷了眼球。

　　眼球受傷的娣娣，每天點眼藥水、吃藥，戴兩個禮拜的頭套，心情非常不好。媽媽想說可不可以用靈氣，讓她心情好一點。

　　第一次遠距靈氣，摸著娣娣，感覺心情有夠悶。被打已經很衰了，還要戴頭套，不能理毛、活動很不方便。眼睛還對光線很敏感，感受環境的主要感官暫時都失去功能了，對於仰賴視覺的鳥類真是一大打擊。雖然受傷的是眼睛，但被自己的弟弟打，心也很受傷。所以我先放鬆她的心情，排解低迷的情緒，接著舒緩眼睛的疼痛，再預約下一次靈氣。

　　第二次，剛好回診完要拆頭套，我們預約現場靈氣，請媽媽帶娣娣到工作室。在籠子裡等待靈氣的娣娣，跟上週比起來心情好很多，頭套拆了，也不用吃藥。只不過，現場靈氣鸚鵡對我是一大挑戰。鸚鵡會啄人，對能量的變化更是敏感，最後，我們讓娣娣站在媽媽的手上做靈氣。娣娣因為接收靈氣而放鬆下來，開始打瞌睡，但又會突然被自己打瞌睡嚇醒，超級可愛。

　　這次摸娣娣，從表面上看來眼睛是痊癒了，但靈氣後才發現，裡面的傷口仍有麻脹感，還沒完全復原，真的啄得很深啊！請媽媽回家之後繼續觀察，並且不要再把他們姊弟放在同一籠。

　　眼睛的位置在脈輪裡屬眉心輪，是鳥類的能量的中心地帶，像娣娣的案例，受傷時她比較不願意飛行。靈氣眼睛，不但是修復受傷的地方，療癒到的眉心輪也可以引領鳥類重拾飛行的能力。

蜜袋鼯

姓名：阿嘎比

蜜袋鼯是群居動物，家中其中一隻蜜袋鼯因病離世，媽媽決定領養阿嘎比來跟姊姊妞妞相伴。阿嘎比來到家裡，食量大、食慾好，吃得超級多，卻怎麼養都養不胖。在媽媽手上玩耍，有時候會突然翻臉，大力咬媽媽，然後嘎嘎地跑走，跑到媽媽找不到的角落，好幾個小時後才肯出來。

第一次對阿嘎比進行靈氣，閱讀他的身體，發覺她的海底輪薄薄的。海底輪在脈輪裡代表家庭和生存議題，我問媽媽阿嘎比是不是有換過家庭，媽媽從領養家庭那邊聽說應該沒有。我感到有點奇怪，這是阿嘎比第一次靈氣，她很緊張，並沒有透露太多資訊。

第二次對阿嘎比進行靈氣時，媽媽主動告訴我，後來又詢問了領養家庭，發現阿嘎比似乎曾經換過幾個家庭。我再一次請阿嘎比給我看看她身體的記憶：我看到她小小一隻在一群鼯鼠中，吃得很少的畫面。扣回海底輪稀薄，對生存資源的安全感薄弱，動物主要的生存資源就是食物，難怪她會在新家暴吃，將食物藏在身體裡。

媽媽說，阿嘎比吃了卻養不胖，讓她很擔心。他們家的小孩都圓潤圓潤，只有阿嘎比還是瘦瘦的。

這其實很正常。從阿嘎比跟媽媽的互動，看出這個小孩不但生存的安全感薄弱，對於關係也很容易產生不安全感，於是出現類攻擊的行為。像這樣對於生活的安全感與建立親密關係陌生的孩子，對於接收與吸收都會有防衛機制。

給她充足的飯，讓她知道不需要再去爭奪食物，並且理解她的恐

懼，逐步幫助她建立家的意識和家人之間的關係。這些對於從鼴鼠群中領養來的孩子來說，是非常重要的。她需要時間去學習和練習，信任這世界上有人會全心全意的愛著她。

大概半年後，阿嘎比媽媽再預約了阿嘎比的靈氣。我已經分不出來她跟姊姊誰是誰了，兩個一樣圓潤，一樣福氣又可愛。

兔子

姓名：ＱＱ

ＱＱ是一隻十歲的高齡兔子，換算成人類，已經是快九十歲的阿公等級。儘管年紀大了，ＱＱ還是很健康，他的精神狀態和食慾也都維持在一定水準，媽媽有空就會帶他去草地上溜一溜，曬曬太陽。這幾年健康檢查的數值算穩定，媽媽覺得可以用靈氣幫ＱＱ做保健，順順他身體的氣，感覺他身體的狀況，看有沒有哪裡還沒注意到，可以加強保養。

靈氣一下去，後腿很快就有回應。肌肉好緊繃，像是重訓完的腿，從腿部一路繃到屁股兩邊的肉。

ＱＱ即使是老人家了，每天都還是很有活力的在家裡跳來跳去。靈氣的熱能先鬆開這邊的緊繃，不適感就消除了，之後則請媽媽定時幫他按摩，放鬆肌肉，減輕骨頭的負擔。

正當我們彼此享受靈氣療癒的時候，我的喉嚨感到一陣強烈的乾渴，我認為ＱＱ的身體缺水。但因為相較於犬貓，兔子的實作案例比較少，我需要跟家長確認ＱＱ生活的飲水習慣，以校準靈氣中的身體感受來自哪裡。媽媽表示，跟其他兔子相比，ＱＱ的喝水頻率的確低蠻多

的，別隻兔子一個上午可以喝完一瓶，同樣的量，ＱＱ要喝上好幾天。

　　典型的對口渴遲鈍，要渴到不行才覺得想喝水，這種狀況也經常發生在人類身上。我們可以這麼想，生物的身體有記憶的功能，我們幫身體建立缺水的習慣，長期下來，我們會記住處於乾旱的身體，並被迫適應它。然而，兔子是相當能忍受「缺水」的動物，當水分補充不足，長時間下來容易會導致脫水等狀況。

　　媽媽了解狀況後，當天晚上就幫ＱＱ多加了幾個水碗，隔天就發現水碗裡的水喝光一半，真的是太好了！

烏龜

姓名：龜龜

　　龜龜的家像一個小型動物園，有媽媽救援的三隻狗狗、兩隻兔子、兩隻老鼠，還有他自己，一隻烏龜。龜龜來到家裡，已經是成龜了，不清楚實際年齡。前陣子龜龜的右手因不明原因受傷，靈氣時發現他的左肩胛骨會痠，右邊腹甲有些輕微拉傷的疼痛。有趣的是，這兩個位置正好位於對角線上。由於右手受傷使龜龜改變使用身體的方式，行走時，將重心轉移至左手，身體為了維持平衡，便帶動對角線位置的右邊腹甲。靈氣那天，龜龜的右手受傷處已經痊癒，靈氣摸起來也沒有疼痛感，不過，感覺得出來，他還是想保護自己的右手，避免去使用。這時候，代償處就會因為施力的比重改變而加倍辛苦，所以我請媽媽在幫龜龜刷背時，順便把左右兩邊的腹甲也刷一刷，舒緩代償作用。

　　龜龜的消化系統有些狀況，可能是食物消化不良和便祕。我用靈氣推推他積在腸子裡僵硬的大便，媽媽表示沒特別注意到大便問題，但會再觀察看看。他們家都吃飼料，或許可以餵一些蔬菜，如果有問題，

會直接帶去給獸醫檢查。

龜龜超級愛靈氣，靈氣時間準備結束的時候，我的手還黏住拿不開。我們也跟媽媽約好，既然龜龜喜歡，有需要時隨時歡迎龜龜回來做靈氣。

倉鼠

姓名：夢夢

夢夢的媽媽是一位寵物美容師。有一天，店裡販售的倉鼠打架，夢夢的左耳被咬掉，這個意外讓夢夢無法繼續販售，也不可能找到新家，為了照顧夢夢，媽媽決定領養她回家。

夢夢的媽媽提到，夢夢目前的狀態都還不錯，而且非常愛撒嬌。但是有一件奇怪的事，媽媽每週都會固定整理籠子、更換籠底的紙棉，剛整理完，夢夢就會馬上把籠子弄得又亂又髒，不曉得是什麼原因。

大家都說，膽小如鼠。摸夢夢時，我特別有這樣的感受。她真的很害怕，整個靈氣療程，有一半的時間都在害怕，我能理解，一是當時媽媽不在身邊對我感到陌生，二是對靈氣陌生。我靜靜地等，等她信任我，放鬆下來。

由於倉鼠的視力不好，他們主要仰賴耳朵和鼻子辨識環境。夢夢因為失去了一隻耳朵，嗅覺變得比一般倉鼠更加靈敏。他們家有很多螞蟻，螞蟻會吃夢夢的食物，所以媽媽在籠子周遭撒上痱子粉避免螞蟻入侵，但卻反而對嗅覺敏銳的夢夢造成過敏。我一邊摸著夢夢，與她共振身體的感受，連打了好幾個噴嚏。除此之外，小時候生長的環境不比現在，夢夢和其他倉鼠關在一起，習慣黑暗、髒亂又狹小的環境。如今媽

媽給夢夢一個乾淨的籠子，反而讓她非常不習慣，沒有安全感。我建議媽媽在換紙棉時，留下一小撮舊的紙棉給夢夢，讓她能聞到自己的氣味而感到安心。

關於過去的事情，夢夢不想讓我閱讀太多資訊，她認為那是過去的事情，現在有媽媽的陪伴就很好。動物即使經歷過不好的過去，卻不一定想說出來，還是要看每隻動物的狀況。如今夢夢有媽媽的細心照顧，是一隻喜歡在滾輪上奔跑、快樂健康的小倉鼠。

跟媽媽描述完夢夢靈氣療癒的過程，媽媽說，這是她第一次嘗試動物靈氣，謝謝我，讓她更了解動物的需求。

Chapter 9

當靈氣是一種
生活哲學

真正地理解動物靈氣

　　動物靈氣並不是什麼通動物靈的神祕魔法或儀式。動物靈氣是一種能量療癒方式，它通過觸摸、按摩和輕輕放置手掌來傳遞自然的能量，幫助動物恢復身心平衡，促進自然的自癒力量。

　　在本章，我想以不同的觀點澄清一些對於靈氣的誤解、破除大家的期待，同時也分享我學習靈氣的心路歷程。雖然看起來或許會有點瑣碎，但這些都是我從學習動物靈氣到執業的旅程中，沿途所看到的內心風景。希望這些點點滴滴的分享，能幫助大家從各種不同的面向，更深入全面地認識、理解動物靈氣。

　　此外，我也要再次重申：動物靈氣不能替代獸醫的診斷和治療，如果動物小孩生病或受傷，請務必諮詢獸醫的意見和專業治療喔！

靈氣的朋友

　　靈氣是一種非侵入性的自然療法，可以將萬物的能量流入動物身體，幫助動物回復自主呼吸，擴張循環，重新平衡身心。因為是順著身體的療法，不會與其他治療對立，甚至可以搭配其他方式，達到更有效的舒緩，簡直是帆布鞋配牛仔褲，萬年不敗百搭款。

　　在結束動物靈氣療癒療程後，我會給家長一些簡單且實用的建議，方便在日常生活中做保健。一方面是簡單又好做，另一方面，氣的循環面向有靈氣達成了，加入其他面向，可以給予動物更全面性的幫助。

熱敷
　　相較於熱水袋、熱毛巾，**我蠻建議家長剛開始用手溫，動物的接受度更高、移動方便、容易適應**，也不用擔心會燙傷。雖然手心的溫度很

快會降下來，但動物的身體小很多，熱能傳導快，我們不需要放著太久，一般來說，三到五分鐘就很足夠。這個方法對於身形較小的特殊伴侶動物也極為適用。若是面積較大的部位，可以使用其他熱敷物，但記得注意溫度。

另外偷偷跟大家說一個小祕密。調整呼吸，讓自己的呼吸擴大，想像每一次呼吸都與宇宙萬物連結，穩定的吸氣、吐氣，就能一邊熱敷、一邊做靈氣囉！

按摩

按摩的好處非常多，包括放鬆肌肉、增加血液循環、減輕身體過多的張力、緩解緊繃的身心狀態。

做完靈氣之後，動物小孩的身體經過了能量的流動，接著進行按摩，藉由肉體的碰觸，進一步喚醒身體循環。

按摩的路徑必須依據每個動物小孩來進行調整，以下幾個大重點需要特別注意：

一、力道輕柔，用抽一張衛生紙的力氣即可。

二、如果按摩時動物小孩想要離開，就應該讓他離開，不要硬抓著按摩。記得我們的目的是放鬆，對吧？

三、若是有發炎的部位，要避開該處，可以按摩周遭部位。

四、每天按摩五分鐘，會比隔幾天一次按摩三十分鐘還要有效。按摩的習慣、做靈氣的習慣要慢慢養成，因為一旦動物感覺有壓力、不舒服，就很難有下次了。日常保健也要永續經營，好嗎？

四季變化

我戲稱自己有「節氣嬌貴病」，因為在春天的驚蟄會自動在五點起床；立夏時，容易不耐煩想生氣。人類會隨著四季產生身體變化，動物也是一樣的。

家裡的伴侶動物經過馴化，在人類社會中長期生活，相較於野生（外）動物，適應環境變化的能力變差，需要在人類社會重新建立應對環境變化的系統。

在節氣前後，家裡的動物可能會有嘔吐、嗜睡、舊病復發的跡象；情緒上則隨著季節交替，可能會較鬱悶、躁動等。雖然不見得每隻動物都如此，但如果有這些情況，我們也比較不會驚慌失措。

了解之後，我們就可以加以調整。包括在飲食上進行調整、舊疾該拿藥的拿藥、春天關節骨頭疾病容易復發，就幫小孩按按背脊、夏天需要動但他愛睡覺怎麼辦？還是要約他起來走走動動，以免能量累積造成情緒躁動。另外，冷氣是人造的涼感，夏天很熱，夏風也很熱的，但是仍應該讓動物吹吹自然風。

自我觀察了幾年之後，我發現自己到了秋天，我的靈氣質地就會改變：跟其他季節相比，會更為直接有力。靈氣，萬物之氣息，隨著四季、環境、氣候等改變，運用萬物呼吸的我們不會一直固著在同個形式。

從觀察自己和動物小孩的身體變化，到關注大地的變化，生活在環境中的人類，如果對日子不夠敏感，就會被日子追著跑喔。

錯誤期待

動物靈氣吸引好奇的目光，同時也帶來一些誤解，這滿正常的。

在華人文化中，「靈氣」兩字就帶有強烈的意象，可能會讓人聯想到有山有水、空氣中充滿霧氣、皮膚白皙的仙女從天空飄降；或是，在瀑布底下修行七七四十九天，練就一把隔山打牛的能力。以下是經常聽到對於靈氣的一些誤解，因此想藉這個機會，為大家澄清觀念。

一次就會好？

　　這世界上大多數的事情都無法一次解決，但我們卻誤解靈氣可以立即解決問題。靈氣療癒是一個循序漸進的過程，我們要給動物耐心、給他的身體時間。

　　除了沒有一次就好這種事，一直以來治療並非首要。事實上，治療代表「我治癒你」。但在靈氣療癒中，我跟動物共享宇宙能量，並不是「我給你」的念頭。「我給你」代表我拿我的力量給你，那就是療癒者使用了自身的能量，並非靈氣。多次的靈氣療癒能幫助動物習慣接收靈氣，讓每一次都更加地放鬆。

內建 X 光檢查？

　　「你可不可以幫我看他肚子裡面有沒有塑膠？」、「你可以幫我看一下他的下腹有沒有長不好的東西嗎？」我常常收到這類的請託，在療癒的過程，療癒者的確可以感覺到能量不流通的地方，提醒家長帶動物去檢查。但我還是人類啦，不是 X 光機，無法看到動物體內的情況。另外一點是，我們是靈氣療癒者，不是醫生，不能診斷動物的疾病喔。

你是不是在我家裝攝影機，為什麼你都知道？

　　這是違法的好嗎？靈氣療癒者會經由靈氣過程摸到動物身體的氣感，因為是氣感，需要與家長兩相對照，才能更具體地描述動物的身體感受以及可能的狀態。再者，我們不是什麼都知道喔，一定需要家長的幫忙，好讓我們將氣感與現況互相對照。例如：我感覺狗狗的肚子鼓鼓的，可能是脹氣，也可能是剛剛才吃飯吃太飽了啦。

不是一定幫得上忙

　　我可以列舉靈氣的幫助，但是有可能不適合你家的毛孩。跟每一項服務一樣，我們只會做需要的服務，所以不要因為覺得這是「靈療」，

就一定對你們家有幫助；要先觀察、體驗，並且找到符合自家的需求，才能真正地獲得幫助。如果不適合你、不適合你們家，換一位療癒者嘗試也無妨。

補充說明：我還是不習慣大家把「靈氣療癒」簡稱為「靈療」，因為靈療容易讓人誤解靈氣著重在精神性的療癒，但它其實很身體！

行為矯正

前面的行為篇章有提到，有些動物的行為，的確有可能是過往的記憶所造成。雖然不是每個動物都有創傷經驗，但行為的確是最快覺察動物是否有異狀的線索。

靈氣可以幫助動物釋放創傷、陰影留下的情緒。假設釋放是為內在騰出空間、檔案格式化，那麼接下來就要培養新的習慣、建立新秩序，這時家長的界線與規範很是必要。

另外，也得留意我們是否經常拿人類的標準來教育動物。比方說，期待動物的行為都乖乖的、很聽話，但沒有任何一個量表可以測量乖巧聽話的指數。人類的判斷標準也很容易從比較而來：自家動物互相比較、和別人家的動物相比較，甚至和自己理想的動物形象做比較，真的是比也比不完。

以動物總是故意推倒水杯的行為為例，靈氣可以從能量面幫你了解為什麼動物要這麼做，並且釋放行為背後的情緒。療癒的意義就在於，感覺到深層的自己被完全地理解。

狂做靈氣每天約

每次家長問我什麼時候要再約，我都會說：「再等等！」還記得我們前面提過，靈氣療癒是透過氣流重新啟動個案本身的自體治癒系統。身體需要時間修復與重建，狂做靈氣時，其實我們內心都會著急，希望狀況趕快好起來，動物反而會感受到壓力。

可以預防疾病？

關於疾病的有效預防，在人類和動物身上都沒有定論。生病是相當複雜而困難的狀況，我們不能只依靠小心翼翼的生活方式來避免生病。每個身體都有其適合的方式，因此別人家的生活方式不一定適用於你的動物小孩。但是，長期一對一的動物靈氣，可以提醒家長注意動物的身體健康，並定期健康檢查。

科學和靈性，兩種不同的語言

二〇二二年，阿根廷奪得世界盃冠軍。朋友和我聊起梅西的傳奇，她說，她在思考梅西為什麼會成為梅西。回顧梅西的過去，雖然是天才，卻因為侏儒症差點不能繼續踢球，幸運遇上賞識他的球探，資助他打生長激素，才勉強長到可以踢球的身高。沒想到長大後卻奪下無數獎盃，對世界如此有影響力。世界盃比賽結束後幾個月，朋友打電話告訴我說她想通了，她認為是梅西相信自己的原力，一種他對自己的信仰。

我聽了覺得很有意思。「對自己的信仰」——我有信仰嗎？我對自己有信仰嗎？信仰這個詞對我來說會不會太重？或許我該問自己，我相信的世界是什麼樣子，它又如何影響我建構我的世界？問題越想越多，越想越複雜。

我們生活在一個多元的世界，在這個世界上，有些事情無法用科學解釋，卻是真實存在的，像是靈氣。

初期做靈氣時，很難跟身邊的朋友解釋我在做什麼，或許有些朋友聽過靈氣，但說到動物靈氣，每一次都需要從頭解釋一遍。有些人可能

因為我的解釋能稍微理解且感到有些興趣，有些人會點點頭卻依舊不大理解。於是我開始找資料，試圖以「證據」來說服大家靈氣療癒的有效性與真實，告訴大家：「靈氣是真的！」我發現自己掉入某種低自尊的狀態，好像有科學的支持，就能讓我更認同靈氣療癒這類型的能量療法，卻沒想過，科學和靈性本來就是探索世界的不同方式。

現代社會重視科學實證，而科學和靈性是光譜的兩端，為世界展現出完全不同的語言，所以沒有必要去比較誰是真實。如果說，靈性世界的問題是太過於主觀，缺乏以觀察、實驗和推論為基礎的客觀知識。那麼我想問：你認為的客觀是在主觀的對面？還是，客觀是眾多主觀的結合呢？客和主，不也是相對比較出來的嗎？

真實存在於每個人的信仰，你所相信的世界。如果你相信科學的數據和診斷，那麼它對你就是有用的；如果你相信靈氣療癒，那麼它對你就是有用的。

所以靈氣療癒有沒有跟科學牴觸？我究竟該相信哪一個？這個問題不需要回答，因為這兩者，從來就不是單選題。這兩者的極端開展出更多思想辨證，幫助我們在自己之中，生成自己的觀點與珍貴的自我信任。

後來，我逐漸明白，與其花力氣去說服大家相信，動物靈氣療癒有助於提升動物的生活品質，不如反覆提醒自己持續進修、學習知識，尋找能量學和科學的共通語言，轉譯為人類聽得懂的話。我想從光譜的一端走出來，到其他世界晃一晃，成為讓人們了解這個領域的橋樑。

動物靈氣療癒並不是一種治療方式，無法有立竿見影之效，現在不是，在未來也不會是。但我們可以通過不斷發展這個領域，將它作為一種獨立的能量療法來推廣。我們不需要依賴任何權威，持續與世界對話、講人話，讓更多人理解並支持動物靈氣療癒，進而幫助更多動物。

歸零

　　除了做動物靈氣，我的另一份工作是劇場演員。大學剛學習戲劇表演時，老師常常提醒我們「歸零」。在表演的當下，必須忘記排練的事情，忘記走位、忘記導演給的筆記、忘記他人的評價、忘記種種過去的經驗。這種忘記並不是真的忘記，而是暫時把這些放在一旁，將注意力集中在當下的發生。劇場不像影視作品，演員可以拍好幾顆鏡頭，在後期剪輯做選擇。在劇場，即使排練過上百次、上千次，上台的那一次都是全新的一次，每個當下會如何展開，You never konw。當你緊抓著過去的經驗，就會失去當下的體驗。

　　忘記的意思不代表全都不記得，在前面的篇章有提到，除了大腦有記憶，身體也有記憶。

　　在反覆練習、學習技能之後，身體會記住這些感覺，就像是學會游泳和騎腳踏車一樣，即使許久沒騎，踩上踏板的那一刻，你的身體仍會自動想起如何保持平衡。因為這時的你已累積了多次騎乘的經驗，並且將這些經驗儲存在身體的記憶中，說不定，你還有餘裕一邊騎腳踏車、一邊享受沿途的景色。

　　做靈氣時，忘掉前幾章的內容，提醒自己回到呼吸的當下，能量就會自然流動。當你緊抓著過去的經驗、施作手法，反而會失去當下體驗帶來的禮物。我甚至覺得，如果前幾章對你來說很難理解，那麼不去把這件事想得更深也無妨，學你想學的，拿取你可以用的，手法都是其次，因為平常生活中，你可能已經在做靈氣了而不自知。

　　靈氣的練習超簡單，就是呼吸的循環和經常與自己的身體建立關係，感受自己內在氣息與整個宇宙萬物如何交流、流動。不需要一直去感覺靈氣，而是感覺自己的氣流。往你自己之外尋找，找不到任何東西，還很消耗能量。當然你也不用一直告訴自己正在做靈氣，靈氣趕

快出來，因為靈氣就是如此地自然而然。呼吸、放鬆身體，氣就在流動了。給自己的身體一些時間，多點耐心，感覺靈氣在體內的變化。不要手才剛放上去就覺得沒感覺想離開，沒感覺也是一種感覺。為什麼你會斷定你沒感覺？

不擅長定義感受、標籤感受，這是一種習慣。我的學生會跟我說，他做靈氣真的沒感覺怎麼辦？我請他形容所謂的沒感覺，他回答我：「就熱熱的啊，但我平常手也是熱熱的！」

對他來說，平常就很習慣的感受，並不用特地標籤出來。這時只要多問他問題，陪他一起練習如何更細緻地形容自己的感受，大多都能成為很好的靈氣手。另一種的「沒感覺」，則是太習慣用腦袋判斷，對自己身體的感受薄弱。這種情況非常適合透過自我療癒，來加強自己的體感。

每個學習靈氣的人都有著助人助己、助動物的心願，因為靈氣也是一項帶著愛且溫和的能量療法。除此之外，我們也在練習把這份與生俱來的能力打磨成一種生活技藝，無時無刻想到就可以拿出來練習。今天肩頸痠痛，手就貼上去自我療癒；便祕多天，放在下腹部促進腸子蠕動。它不一定會成為你的職業，但，它會被你應用到生活的各個方面。與它相處培養感情，提高這項技能的拿捏與細膩，讓它不只是「愛存在這美麗新世界」，而是存在於你我的生活之中。

神奇的療癒力，神奇的你

有一位朋友到台南美術館布展，我去探班，順便逛逛其他展覽。當時我閒來無事坐在椅子上，看著當期的展覽主題：SHERO，台灣當代

女性藝術展。

乍一看，我以為這是相較平凡的展覽主題，因為在當代，大家已經不太會以性別區分藝術類別。然而，當我看完展覽中的錄像影片後，才明白為何特別將女性創作者框出來。這個展覽的目的，是要讓更多人明白，每個人的創作脈絡都有其獨特之處。

在錄像影片中，幾位女性藝術家描述自己如何運用感官進行創作。有一位藝術家每天聽著北海岸的海浪聲，加上年過半百賀爾蒙衰退，讓她當年創作時經常處於憂鬱狀態，卻帶給她有別於以往的繪畫風格。另一位藝術家說，她經常觀察自己的作品符號，嘗試從作品解構自己的狀態，逐漸發覺一層層的塗料具象化地呈現了時間對她的意義。

當她們聊著自己與創作的關係，我不禁想到了靈氣，以及我與靈氣的關係。

靈氣是我們生命的能量，「我們」包含：以我為本體和整個萬物中的我。所以**每一個人靈氣的療癒力，都有自己獨特的質地，有一種、甚至多種的療癒力，給予生命不同面向的支持。**那些能力的收集有些是與生俱來，有些則是生命累積。

當我們受過傷、體驗過痛，陪伴自己經歷那些痛，最終成了生命給你的疤痕。這些疤痕會被收集起來放在你的醫藥箱，當你遇上需要協助的對象，動物也好、人類也好，就打開自己的醫藥箱。你不會拿雙氧水來刺激傷口，因為你知道那有多痛，你會拿出一份適合他的敷料，為他療傷，而他的心也因此被你的同理療癒。

我在思考的是，我要如何才能告訴大家——**每個人的療癒力都很獨特**。你的靈氣有很多細節，這是值得探索的地方，就像古時候大夫背著的行囊，裡面所有能幫助人的東西，都是他途經的人生。

整個醫藥箱都是生命給你的禮物，你有過的疤痕，會引領你帶給你

的個案最合適的幫助。所以，不要輕忽或小看自己的靈氣，你的靈氣在你心裡或許渺小，卻能帶給世界遼闊的能力。

動物靈氣使人類改變了
觀看疾病的視野

有一次，一位家長跟我聊天，告訴我他這輩子從來沒有像現在這麼無能為力過。他第一次感受到，很多事情不在自己的控制範圍內。當他面對生病的動物時，束手無策的感覺讓他覺得很糟糕，更讓他對動物感到抱歉。

人類的醫療非常方便，尤其在台灣，小感冒離家不到十五分鐘就有兩間診所，可以仔細向醫生說明病況，開藥、拿藥、打針、回診都很快。我們有很多治療疾病的資源，速度快到甚至還沒感受到劇烈的痛苦前，就已經要痊癒了。若不想要現代醫學的治療，我們也有許多另類療法的管道、書籍，可以了解自己為什麼生病，自由選擇治療的方式。

但是，當動物生病，選擇權就變少了。

動物習慣藏病，也不會自己去診所看病。換句話說，動物世界沒有人類的醫療體系，大部分的野生動物都是靠自體治癒度過身體病痛的難關，這是他們擅長的事情。

回到伴侶動物。當他們進入人類世界，我們剝奪了許多動物的本能活動。原本在野外狩獵的貓咪變成在家玩逗貓棒、尿尿是為了做記號保護自己的領域，而我們用尿布墊訓練狗定點尿尿——以上都是我們為伴侶動物所創造「人類版本」的動物生活。當家中的動物小孩生病，我們很習慣將人類看病要求「速效、痊癒」的思維套在他們身上。就急症而

言，的確要趕快讓狀況穩定以免危及生命；但更難面對的挑戰，就是有些疾病一旦發生就不會逆轉，沒有痊癒的可能，只能共存。我們漸漸會發現，治癒不再是首要目標，所以不得不練習重新看待疾病、調整自己的步伐，在漫長的過程反覆挫敗，練習接受。

另一名家長則是談到，他在一年內送走了兩個動物小孩。這兩個小孩在安寧照護期間，靈氣為他們全家帶來了很大的幫助。他看到小孩在病痛纏身的日子裡，好不容易因靈氣療癒而睡得深沉，很是欣慰。雖然光是想到，疼痛、精神不濟、食慾不振……這些很不舒服的生命狀態，都是生病動物的日常，他就覺得自己的小孩好勇敢。動物小孩向他展現了另一種截然不同的生命價值。

疾病從來不會被我們認為是練習生命的習題。它被認定是不好的發生，即使我們盡全力排除它、預防它，仍無法完全避免，況且每個生物都會生病。人們往往將疾病視為單純的生理問題，但隨著對動物靈氣療癒經驗的累積，我們開始了解疾病是一個複雜的系統，涉及生理、心理狀態、社會關係、基因遺傳等多方面。我們無法確切指出疾病的主因是什麼，但是我們可以從動物生病的情況，開始改變我們對疾病的看法。以上聽起來或許很像屁話，但若是沒有生病帶來的提醒，我們或許會將生命視為理所當然。

我所遇到生病的動物小孩，他們都展現出強大的生命力和韌性。在動物靈氣的過程中，動物不停地、不斷地、反覆地用他們的身體證明：不只有強壯才是具生命力的展現，軟軟的身體、遜遜的身體、無力的身體，都是我的身體。我的爸爸媽媽媽愛著這樣的我，這樣的相愛對現在的我非常足夠。

或許有人會說這套系統超越靈氣原有的概念，但對我來說，這套系

統仍然有著靈性的本質，因為**我們對疾病的看法發生了改變，這正是動物教會我的事。我和動物一起發展動物靈氣系統，並認為其中最重要的事情，是學習如何看待疾病，和疾病相處。**

心靈肌肉

這幾年，遇上不少進入安寧照護的動物，動物靈氣的舒緩可以提供動物良好的安寧陪伴。這期間我見證了一些奇蹟：罹患腫瘤只剩三個月壽命的貓咪多活了半年、全癱的狗狗在靈氣後可以自行排尿。有好幾次我會天真地冒出這樣的想法：「這次可以再增加一些時間，讓動物恢復體力，說不定能延長他的壽命？」但每一次，我都輸給了自己的傲慢。

人類有著英雄主義傾向，這點從漫威屢屢推出新電影的高票房就能看得出來。然而，我怎麼會自負到以為我可以改變一個動物的生命呢？生命有自己的歷程，靈魂有自己的決定。

回到靈氣的初衷，生命力的能量順勢而為，順著生命力的能量而為。順著動物的勢而做，協助他們度過生命的最後時刻。我們多少都有成為拯救者的心態，但偏偏遇上自然療法，所有人類的傲慢都會失敗。

因為這件事，成就的不是我個人，所有的發生都會符合涉入者最高益處，涉入者包含：動物、動物家人、靈氣療癒者。身為一名靈氣療癒者，不要試圖用靈氣證明自己的能力，這很愚蠢，也很不尊重動物。即使看著動物苦撐，我再怎麼不忍心，我也得知道，這份情感是來自於我，而不是動物。這份情感可能會促使我想做得更多，但我內心必須非常清楚，當動物和家人準備好了，一切都會順著生命的流動而行。

這份工作需要經歷許多生死離別，即便到現在，我也無法完全適應，可能也不會有適應的那天。

我總會想著如果能再多做些什麼就好了。這樣的過程的確讓我練就「心靈肌肉」，收回拯救者的情感投射，尊重動物的生命自主權，在傲慢裡臣服於生命的安排。每一次，當我看見動物與家人超越生死的相愛之力，以及彼此留給對方深刻又真摯的祝福，我都非常感謝並敬重這一切的發生。

靈氣的無用

我有很多次感到沮喪，試問自己：「難道靈氣只有這樣子嗎？只能這樣子嗎？」後來，我在自己身體很不舒服時為自己做過幾次靈氣自我療癒，我才發覺，在我深深感覺自己墜落，身體不受控制滿是疼痛的時候，有一股力量把我輕輕地扶起來，陪著我痛、摸著我說：「你先休息，我陪你一起。」

做靈氣是一個很簡單的過程，但其中卻蘊藏很多的細節和感受。目前我還無法用文字完美地描述動物靈氣的感受和效果，因為這是非常注重感受和體驗的過程。但它在我的生命中，佔據了一定的重量和意義。

一開始會經歷甜蜜期，放在自己身上非常有感覺，手溫、氣感、身體的反應都很明顯。接著摸動物、小孩，小孩的反應明顯讓我感受到，他們對這份力氣從陌生到喜歡的過程。

當施作靈氣上了軌道，會進入一陣子的撞牆期，也是我最想放棄的階段。我開始期待能夠持續維持那種深刻的感受和反應，但事情並非總是如此理想。

不由自主地期待接下來的發生，若是接下來沒有任何發生，或是，感受不像前次強烈，便開始失望、沮喪。內心對結果有期待，就會更努力、更用力的施作，當我帶著意圖去做靈氣，動物就會跑走，於是自己

又陷入挫折。在這樣的輪迴中，覺得好像沒用了，我好像沒用了，靈氣好像沒用了，甚至開始懷疑這份靈氣是否真的存在，是否真的有幫助到動物小孩。

有時候你可能也會感覺到，這份力氣的效果不像以往那麼強烈，但這是正常的。每一次的能量傳遞都是獨特的，意識到自己的過度期待，不用批判自己。相反地，這會成為一個很好的提醒，提醒你可以檢視自己的狀態，是否太過緊張、疲憊，需要放鬆一下自己。

你會知道當你放下療癒動物的意圖，明白宇宙的能量——靈氣是經由你送到動物身上，你和動物共享這份暖流，這樣就足夠了。靈氣療癒並不只是為了追求成效，順著身體自然而然地開展，在這個過程中有著安定心神的寧靜。每次當我為我的動物小孩查斯特、卡斯特做靈氣，我們都會在這樣的寧靜裡睡著。

有一句古老的諺語：「Less is more」。人腦總是有很多想望，當它們跑出來，請你跟大腦說：「欸我知道啦，我知道你的期待，但我現在要放你去一邊了喔。」回到自己的呼吸，回到自己和大樹、海洋共同的呼吸，分享這個呼吸的氣流到自己身體的每個角落、到動物小孩的身上，體驗這個當下純粹的靈氣療癒。

我無用，是因為此刻不需要我多餘擔心的付出，等到換我出場，再呼吸起來。

記得，我們是一起變好

想學習動物靈氣的家長，都希望能在必要時刻，陪伴自己的動物度過辛苦。我也發現有些家長上課時，自身狀態十分疲勞，但他們仍會用

失神的雙眼看著我說，想要學動物靈氣。這讓我不禁覺得，人真是矛盾的生物啊！連照顧自己都已經很費力了，還處處希望為動物好。

有時候我們太過於想為動物好，卻忘記他們其實也在支持著我們，動物永遠不會為難我們，但我們常常是自己在為難自己。

請記得，沒有一方永遠是照顧者。

我們提供動物小孩物質生活，而他們經常擔任人類情感上的支持者，是互相的。和動物交換體感、交換呼吸、交換真心，動物靈氣是很深層的信任關係。**這趟旅程不只是開展自身的力量與力氣的技巧，而是要先回應真誠，體驗自己在靈氣中被萬物疼愛、感謝珍惜，接引這份真實的情感來到自己生命中，再來陪伴動物小孩。**

優先照顧自己、觀照自己，氣力足夠，甚至不需要天天做動物靈氣，你的存在自然成為動物小孩的依靠。此外，也不要擔心在狀態低迷時會帶給動物負能量，能量是中性的，並不會帶有情緒或意圖。

人的身體比一般伴侶動物大很多，也表示裝載能量的容器比較大，人的能量水位本來就比動物小孩高，因為能量平衡原則，能量會共振並且不斷調整，直到達到平衡。

今天誰的能量狀態低一些、水位低一些，另一方就會倒一點水過去，維持能量平衡。為什麼會這樣呢？為什麼對方會願意給出自己的能量水位呢？道理很簡單，因為你們相愛。但問題在於，當我們不斷地給予而沒有發現自己正在接受，這才是失衡的開始。

珍惜這份相愛，在照顧動物小孩時，別忘記要照顧自己、滋養自己。我常說，人類身體那麼大，更要顧好自己，動物才有地方可以依靠，**我們是一起變好的啊。**

附錄
動物靈氣的 40 個 QA

Q01. 靈氣是動物溝通嗎？

靈氣屬於身體型的能量療法。動物靈氣透過身體的能量療癒，閱讀動物身體帶來的訊息，整理身體累積的疲勞、壓力、情緒。雖然問動物靈氣是否涉及溝通有點複雜，但它主要涉及身體上的訊息，而非意念。

Q02. 可以靈氣＋動物溝通嗎？

可以啊！大家普遍都有按摩的經驗吧？按摩師有時候也會跟你一邊聊天一邊按摩。同樣地，做動物靈氣跟溝通是可以同時進行的，只是有些人不喜歡按摩放鬆時，按摩師一直找他講話，因為目的是放鬆。我們也不會特定在靈氣過程中一直跟動物對話。把靈氣想像成一種氣的按摩，會更好理解喔！

Q03. 靈氣是怎樣做通靈？是通哪一位高靈？靈氣跟通靈的差異？

靈氣沒有在通靈啦！靈氣比你想像中的單純，是宇宙能量和個體能量交換的循環，每個生物都可以做到，而且是與生俱來的。

Q04. 靈氣療法算是一種治療嗎？

靈氣療法不是一種治療，也不能算是一種治療，即便體驗過靈氣後的動物有明顯地改變。

原因很簡單，在每個章節也會重述這個原理。靈氣療癒者負責當個通道，接收靈氣並傳遞靈氣，並不是製造靈氣的工廠。靈氣的功用在於氣

息進去之後，體內氣的循環被推動，因而啟動每個生物原本的自體治癒能力，所以對方是被他自己的治癒能力給修復了。

Q05. 人類靈氣跟動物靈氣的差別？

人類和動物之間最大的差異是，人類在靈氣開始和結束後，我們都可以跟個案充分的分享、討論個人的近期狀況、療癒中的感受、療癒後的心得，以及療癒者在療程中所接受到個案身體發出的訊息、感受做交流。但是我們無法跟動物自由地用語言對談，所以在施作上更需要用心體驗靈氣的能量交流是否適當、是否為動物所需。如果你明明看見動物因靈氣而全身發抖卻還繼續做，那是否忽略了動物也擁有自由意志，有沒有可能，他只是在這個時刻無法拒絕你？動物的身體自主權也很重要，所以互動性很重要。另外也要重申一點：並不是因為靈氣是溫和的能量，每個動物就都會喜歡靈氣。

Q06. 聽說靈氣分成很多種，動物靈氣是哪一種？

靈氣系統的建立源於臼井甕男先生，後來才發展成各式各樣的靈氣派別，例如：天使靈氣、卡魯納靈氣、西藏靈氣等等。我認為每一種靈氣系統都可以用來做動物靈氣。最大的差別在於，靈氣動物，互動性更強，你會看見自己的靈氣或是被接受被拒絕，而療癒者如何調適自己療癒的意圖是最重要的。

Q07. 靈氣會不會有負能量，學靈氣會不會吸收別人的負能量？

我不會特定把能量分成正負，能量頂多是有高低及不同的頻率之分。靈氣療癒者在初始最重要的目的就是學習進與出，把自己單純當一個接收流動的管道。

Q08. 靈氣是氣功的一種嗎？

靈氣指的是我們和萬物同源，因此有著密不可分的能量，我們可以喚醒這樣的連結，啟動宇宙能量，平衡與療癒身心。氣功則是透過特定的姿

勢、呼吸和動作來調和身體、加強氣血循環。

Q09. 靈氣涉及宗教或信仰嗎？

沒有，靈氣不需要有信仰，因為它並不是宗教，而是一套療癒工具。靈氣是宇宙萬物的能量，宇宙間的存在這麼多，我們不會拜其中一個為師，傳授靈氣的人是帶領我們的入門者，這條路會開展到哪裡由你自己決定，所以靈氣也沒有偶像崇拜。

有信仰能不能學習靈氣？當然可以，靈氣不限任何背景，誰都可以，而且每個人天生就會。所謂的「學習」，更像是本能的喚醒。

Q10. 書本裡的方式適用於人類嗎？

書本裡的方式適用於自己的伴侶動物，並不適用於其他人的動物以及人類。若要為其他生命施作，靈氣還需要更系統化的學習。

針對自己施作的問題

Q11. 靈氣前需要做什麼準備嗎？

放輕鬆！！！你可能會說，蛤？就這樣！不用保持自己的平靜嗎？有些人想要刻意保持平靜，反而太用力了。你先鬆，動物才會鬆。

Q12. 如果我是麻瓜怎麼辦？我沒有感覺可以嗎？

最喜歡麻瓜了。麻瓜不是哈利波特裡面的遺傳，對我來說，麻瓜意味著不擅長定義能量。也就是說，當感覺來了，他不會先指出這是什麼。這也是麻瓜最強的特質。

麻瓜最愛說：「我沒有感覺。」但究竟是真的沒感覺，還是已經很習慣這個感受，以至於你不認為需要指認出來？例如：台南美食道道甜，身為台南人，到了台北才意識到怎麼台北的食物少一味。感覺不會只是

一個單獨的存在，不會有人「沒有感覺」。感覺是相對的，多多跟朋友聊天、討論，可以幫助我們更清楚地描述和理解我們的感覺。

最後想跟（自認為是）麻瓜說：「你的感覺很重要！請大方地講出來吧！」

Q13. 靈氣需要靜心的時候才能做嗎？

靜下心來的療癒品質，絕對是更穩定且平靜的，不過一定也會遇到靜不下來的時候。那也沒關係，讓手就放在身上，當一個給自己安撫安慰的人，這就是靈氣的好處，無差別陪伴每一處。如果是動物的話，我就不建議了，請先照顧好自己再照顧動物，假設你都亂糟糟了，那動物小孩也會心疼你，更想成為支持你的力量，那麼一起共好的初衷就走歪了，不是嗎？

Q14. 聽說靈氣需要點化，那我沒有點化可以做嗎？

點化、手位、符號是後來發展出來強化靈氣能量的，沒有這些，靈氣也一樣在運作，因為這就是宇宙的能量啊。在宇宙尚未毀滅前，靈氣不會消失，當然被點化、學習手位、寫符號，不但可以加強靈氣能量，還會使你的感受更具體、更容易掌握，也是很好的選擇！

Q15. 靈氣會不會看到鬼？

靈氣沒有你想像的那麼有「靈性」。靈氣系統源於日本，靈氣兩字也是日文直譯而來。華人世界看到「靈」字，自動會與鬼神連結，但是學習靈氣不會因此就看到「鬼」。但是，確實經過一次又一次的靈氣療癒，身心會更通透。通透的意思大概像《神隱少女》裡的河神，從原本的滿身爛泥，到澡堂洗過澡後輕盈發亮。

但我也不會鐵口直斷地告訴你完全看不到其他存有，這實在很難說，人的能量狀態更通透，都有可能發展其特殊的能力。然而，假設你覺得困擾，不想要的能力可以大方地向宇宙宣告，就不會再有。

Q16. 有沒有什麼禁忌，需要先跟神明講嗎？

靈氣沒有禁忌，但我個人認為靈氣療癒者的禁忌，是跳過自我療癒的步驟，先服務其他對象。這超怪！靈氣就是要先經過療癒者再到動物身上，假設療癒者自己管道的陳年淤積都還沒整理好，那麼療癒品質如何可想而知。

Q17. 為什麼我做靈氣會越來越熱？

靈氣會帶動體內的流動，多數人可感受到身體循環加快、氣血活絡，因此會覺得溫暖、熱熱的。不過，也有些人可能是感受到涼涼的、輕飄飄的感覺，因人而異。這種變化通常是身體調整、能量平衡的自然產生的結果。

針對動物施作的問題

Q18. 請問靈氣療癒是讓貓咪放鬆的課程嗎？

當然可以這麼說。靈氣療癒是一種幫助身體放鬆的能量療法，接受靈氣碰觸後，動物身體的氣息再次循環，這樣的流動能協助動物釋放身體較有壓力、緊張的部位，而且不只有貓咪可以施作，狗狗、烏龜、鳥類都可以喔，我甚至曾經為蟑螂做過靈氣喲！

Q19. 多久前要先跟動物溝通？

一定要先講！至於多久，我個人沒事就會講一下。今天摸他不要，他就會離開，動物的身體很誠實。

Q20. 自己的身心靈要調整到什麼狀態才可以為動物靈氣？

自在、放鬆。放鬆這個詞重複出現在本書有沒有一百次了？哈哈哈哈哈哈。

你知道我們怎麼努力、怎麼調整，都無法廿四小時維持在狀態的制高點。狀態絕對有起伏、有高低，所以，我們先練習自我療癒，從覺察、感覺自己的狀態開始，在自己相對飽滿且有餘力，甚至是毫不費力的狀態下，給予其他生命支持。

Q21. 靈氣時的環境要求？音樂或花精等輔助是加分的嗎？

在進行靈氣時，營造一個舒適、安靜、放鬆的環境也是很重要的，環境的狀態能幫我們和動物更快地進入靈氣的體驗。然而，使用輔助工具如音樂或花精不是必要的，可以根據個人狀態和喜好來選擇。

沒錯，我說的是根據「你」的狀態，不僅僅是動物的。因為我們作為能量的載體和通道，維持彈性和平衡能讓靈氣流動更加順暢，展開得更自然。

Q22. 我要如何判斷靈氣時會不會太用力？

基本上，如果你的動物會閃、躲、咬，就是他不喜歡。動物的身體比人類小很多，如果量化，他需要的力氣可能只有幾百克。你越是輕柔、溫和，一定越適合，但是，假設是動物的初體驗，那麼他也有可能只是不習慣這樣的碰觸。人類練習再放鬆一些，多試幾次，動物想離開就讓他離開，不勉強。不過也不用太沮喪，有時候你不經意地去做時，動物的接受度反而更高呢。

Q23. 靈氣可以減肥嗎？我家貓咪太胖了！

與其說減肥，我認為靈氣更接近協助動物身體回歸自主平衡。脂肪在身體中除了作為能量的儲存庫之外，也有保護內臟器官的功能，基於這種生理設定，脂肪對身體來說是必需的。過多的脂肪，就生理上來看，有可能是代謝功能較差。那麼假設他吃很多，難道是沒有吃飽嗎？為什麼他會想要一直吃呢？這部分，貓咪有沒有把進食作為填補自己內在的情感需求，就要摸摸看他才知道了。

Q24. 靈氣要多久做一次？建議的頻率？

我建議情況再怎麼緊急，每次靈氣至少都要隔一天。因為靈氣是推動生物身體的自體治癒系統，在生病狀態中，生物的自體治癒系統會比較鈍，此時的靈氣就可以幫忙推推！但是，當自體治癒被啟動，生物也需要時間重新啟動自體治癒的能力。動物只會吸收他所需要的，狂做靈氣並不會加分喔！

Q25. 我摸動物時，他一直跑怎麼辦？

就讓他跑啊，還在練習階段，動物會跑走是很正常的。我們人類必須學習力道、放掉自己施作上的任何意念、放鬆心情，動物同時也在練習接受這份陌生的力量。所以剛開始他會想跑是必然的，這是一件彼此都需要調整的事。建議剛開始靈氣兩到三分鐘即可，等雙方逐漸習慣之後，再慢慢把靈氣的時間拉長，最多也不要超過十分鐘。這種事就是你先鬆，動物才會鬆喔！

Q26. 我家有兩隻毛小孩，可以一次摸兩隻動物嗎？

你就是一根水管，同樣的水量，從一根水管流到兩個地方，水量只會被除以二，並不會增加。與其水量減半，不如專心的好好摸一隻，再換下一隻。提高效率這件事只有人類在乎，動物更重視你的陪伴。

靈氣沒有什麼絕對不行的標準，但我個人不會這麼做，也不建議。

Q27. 人類靈氣有特定手位，動物有專屬的手位嗎？

動物靈氣當然可以整理出一套特定的動物手位，但這些手位不一定適用於每一隻動物，以及每一個物種。動物對於氣的感知非常敏銳，最大的挑戰是他不會乖乖地靜止不動。當氣觸動他的身體所引起的感受，可能會讓動物想更換姿勢、吠叫、抓癢、移動，造成在應用手位時因此一直中斷，重新開始。動物的反應很當下，他們很少會像人類一樣抑制生物本能反應，所以我們還是得回到動物靈氣互動性高的特性，以更多的觀

察和尊重動物的舒適度為導。

如果真的不曉得該怎麼做，直接放在患部即可，或是，優先放在他的上背部，也就是心輪的位置。鬆鬆心輪、放鬆心情，心情好，身體自然可以得到舒緩。

Q28. 家中有多隻動物，靈氣時需要支開嗎？

不需要特意支開，大家都在很好啊！如果你擔心其他動物會打擾的話，可以一對一在房間靈氣，只是沒有特地清場的必要。

Q29. 如果手痠或精神無法集中了，是否要立即停止？

一樣的原則。你是管道、通道，如果自己都不舒服了，你的動物也不會舒服的。

手痠了或精神無法集中時，請你停下來照顧自己所需，並且注意靈氣過程中姿勢可以如何調整，才不會手痠、腰痠。

Q30. 靈氣中如果被哈氣或咬了應該怎麼辦，立即把手拿開停止嗎？

靈氣並非只有人類認為是好事才是好事，這也是我認為靈氣不等同於愛的能量，尊重動物的反應和舒適感非常重要。如果你觀察到動物表現出不安、警戒、全身發抖或哈氣等行為，這表示他並不適應當前的情況，請你立即停下來。

另外，也有一些家長向我表示自己的動物不喜歡靈氣。我會進一步思考的是：動物是不喜歡「靈氣」，還是不喜歡「你的」靈氣？這是有差別的。如果你帶著強烈的意圖希望動物變好，這是一種要求，並不是同理，動物當然也不會喜歡這樣的靈氣品質。

Q31. 我要怎麼知道我的動物小孩（做完靈氣）有沒有感覺？

看孩子的反應就好啦！如果你摸完，小孩的姿勢、神情都更加放鬆，那就是很好的反應。另一個可以觀察的還有你自己。做完靈氣，如果自己也感到整個人更輕盈，那表示你跟動物小孩都有享受靈氣帶來的舒服。

Q32. 聽朋友說做完人類靈氣的隔天，有頭痛不舒服的狀況，是否是排毒的現象，動物也會嗎？

會的，靈氣會停留在動物體內三天，與他身體的氣做相處調整。這三天內可能會有嗜睡、食慾上的起伏，有些動物甚至會有一點點軟便，視每隻動物而有不同的反應。所以我們其實不鼓勵卯起來狂摸動物，因為動物的身體也需要休息重新 RESET。

Q33. 動物受傷可以馬上靈氣嗎？

對！與此同時，記得趕快帶去看醫生，醫療跟靈氣輔助並行一定是最好的！絕對不可以只靈氣不治療。靈氣療癒無法取代正規醫療！

Q34. 貓咪做完靈氣好像有比較穩定一點，我平常摸他也算是在幫他靈氣嗎？

可能是，也可能不是，取決於你這條通道是否在流動。假設你摸他時，自己的呼吸都很不順，那就不太像有做靈氣了。

Q35. 看得到有顏色的感覺和團塊，那你怎麼看不到他有動過手術？

靈氣療癒並不等於通靈，我們閱讀到的是動物當下的身體記憶和感受。儘管有些療癒者擁有查看身體過去歷史的能力，但那屬於少數。再者，靈氣療癒的目標並非預測未來或解讀過去，主要著重於放鬆動物的身心狀態。

更直白一點的說，動物靈氣療癒者主要負責讓動物感到舒適和放鬆，解除動物緊繃的狀態，只是因為家長通常都會關心並且想要了解動物的狀況，所以才必須向家長說明得更清楚。

就好比去按摩一樣。按摩完了就可以離開，你不會跟按摩師討論說：「你有沒有發現我的背上有什麼不尋常的地方？我動過盲腸手術，你能感覺得到嗎？」

我常跟一起做動物靈氣的夥伴說：「我們不是通靈少男少女，訊息的準

確度不是首要考量，更重要的是，動物是否感到舒適？它的生活品質有沒有變好？」

Q36. 狗狗習慣對門外吠叫，要靈氣到什麼時候他才可以不叫？

這題是動物行為上的議題。要先釐清吠叫的原因，有可能外面一直有風吹草動讓他很不安，也有可能是他想出去散步，或者是他真的有創傷陰影需要被惜惜（台語）。

每隻動物的狀況都不同，要摸過才知道。有些動物很給面子，靈氣一次之後，肉眼可見的外顯轉變；有些動物則需要以年來計。最後，我想問的是，你最在意的是他為了什麼原因吠叫，還是不想被吵？

Q37. 請問動物開刀前可以靈氣嗎？我怕他很緊張。

當然可以的，除了術前可以放鬆動物的心情，術後靈氣也非常好，可以加速傷口癒合的速度並舒緩疼痛！大病初癒、開刀後都超推薦靈氣。

Q38. 離世動物可以做靈氣嗎？

就我所知，各個靈氣系統都有屬於各派別的療癒項目，本書的方式適合居家靈氣自己的動物夥伴，輔助他的身心狀態平衡，因此不適合為離世動物施作。

Q39. 我餵養的浪浪可以靈氣嗎？

他同意嗎？這是我首先想問的問題。你可能會回答，我聽不到他說話，我怎麼知道他同不同意呢？在這裡舉一個例子。想像某天你去了常去的咖啡廳，店員卻突然對你說：「我可以摸你嗎？我學了一種叫靈氣的能量療法，它可以讓你更舒服喔！」你可能會愣一下，心想：「為什麼要摸我？那是什麼東西，我怎麼了嗎？突然需要被幫忙？」即便你了解他是出於善意，你仍可能不會馬上答應。

你認為對動物有益處的事，是他需要的幫忙，還是你想要的？

請記住，動物的身體自主權很重要，請不要輕易去干預他。

Q40. 如果我覺得我的動物怪怪的，不確定他們是否生病了，可以用靈氣檢查嗎？

建議先觀察動物的食慾、食量、精神、大小便是否正常。如果你感到焦慮，無法判斷動物是否正常，建議養成記錄的習慣。網路上的資料是大數據，不見得適用於你的動物，透過自己的紀錄，才能看出哪裡出現異常。若為急症，請立即就醫！靈氣無法治療動物疾病，需透過正確的病理檢查了解動物身體真實狀況，找出後續陪伴疾病的方法。

特殊情況：曾遇過因年紀過大無法做 CT 和 MRI 檢查的神經系統異常動物，因此病理無法確診。家長後來選擇長期預約靈氣舒緩動物症狀，三個月後動物症狀減緩。需要強調的是，這是在動物完成醫療檢查後所進行的。

再次重申：靈氣無法取代檢查和治療喔！

動物靈氣
我和毛小孩的療癒之旅

作者　　　翁嗡（翁韻婷）
繪者　　　Zooey Cho
選書　　　譚華齡

編輯團隊
美術設計　Zooey Cho
內頁構成　高巧怡
責任編輯　劉淑蘭
總編輯　　陳慶祐

行銷團隊
行銷企劃　蕭浩仰・江紫涓
行銷統籌　駱漢琦
營運顧問　郭其彬
業務發行　邱紹溢

出版　　　一葦文思／漫遊者文化事業股份有限公司
地址　　　台北市大同區重慶北路二段88號2樓之6
電話　　　(02) 2715-2022
傳真　　　(02) 2715-2021
服務信箱　service@azothbooks.com
漫遊者書店　http://www.azothbooks.com
漫遊者臉書　http://www.facebook.com/azothbooks.read
一葦臉書　www.facebook.com/GateBooks.TW
發行　　　大雁出版基地
地址　　　新北市231新店區北新路三段207-3號5樓
電話　　　(02) 8913-1005
訂單傳真　(02) 8913-1056

初版一刷　2024年5月
定價　　　台幣350元（書和遊戲不分售）
ISBN　　　978-626-96942-9-7

書是方舟，度向彼岸
www.facebook.com/GateBooks.TW
一葦文思
GATE BOOKS　　f　一葦文思

漫遊，一種新的路上觀察學
www.azothbooks.com
azoth books
漫遊者　　f　漫遊者文化

大人的素養課，通往自由學習之路
www.ontheroad.today
遍路文化
on the road　　f　遍路文化・線上課程

動物靈氣：我和毛小孩的療癒之旅/翁嗡
（翁韻婷）著. -- 初版. -- 臺北市：一葦文
思, 漫遊者文化事業股份有限公司出版：
大雁出版基地發行, 2024.05
208　面；17X23公分
ISBN 978-626-96942-9-7 (平裝)
1.CST: 寵物飼養 2.CST: 另類療法
437.111　　　　　　　　113006271